Dialogue in Design

为什么设计

直面亚洲大范围对话的开端

原研哉

我现在正在北京，作为演讲人受邀参加中国时装论坛。今年秋天，我将在北京开一个稍大型的个展。不知不觉间，北京已成为我日常活动的地点之一。北京、上海、首尔、台北、孟买、新加坡、加尔各答，我在这几个城市间穿梭的机会正在迅速增加。这些日子，我切身感受到亚洲时代的到来。

中国的经济展现了超出人们预想的成长性，巨大的经济文化圈也开始初露端倪。人口超过一百万的城市，日本有十八个，中国有一百七十个。据说，今后十五年，随着中国城市化进程的加快，这个数字或许会翻番，变成三百四十个。据预测，到二〇一二年，中国人口超过两千五百万的城市，也就是说人口数相当于东京两倍的城市，会达到十五个。虽然文化发展的趋势不能仅依靠数字来预测，但这个数字本身也是很惊人的。

作为亚洲邻邦，虽然我感到亚洲的繁盛与活跃指日可待，但是正因为身处这样一个时期，所以我们更应该检视自身文化的不足之处，与此同时必须慎重考虑生活的本质。

所谓设计，并不是加速经济发展的先头部队。伴随着近代社会的到来而兴起的工业革命，给社会带来了剧变，世界各国的城市化进程急速推进，这时在人们的生活中产生了巨大的摩擦和痛苦，为了减轻这些痛苦，设计应运而生。这才是设计最初的发端，我们决不能忘记。

设计并不仅局限于某些专家掌握的华丽的造型技艺。它就好像数学一样普遍，不只是设计师，行政人员、编辑、厨师，甚至是面包店老板，总之设计应该是所有人都应该掌握的一项现代基本素养。人类生存，形成了环境。人们为了更好地生活而施展的实践性才智就是设计。

我和阿部雅世围绕设计进行的对谈，是同时着眼于日本和中国现代生活的本质而展开的。这次谈话能够有机会以这种形式与中国的读者见面，我很荣幸。通过设计的思想能与更多的人接触，这正是亚洲大范围对话的开端。

二〇一〇年三月三十日于北京

写给中国读者的话 | 阿部雅世

《为什么设计》一书能够出版中文版，我感到非常高兴。当我和原研哉先生为了这本书而进行漫长的对谈时，没有想到有一天这本书竟然可以飘洋过海去和中国读者见面。我们的谈话中涉及一些日本传说，我担心我们对于这些传说的社会背景解释得不够充分。但我还是很愿意将这本书献给中国读者，因为中国的年轻设计师也一样面临着这本书中所讲述的诸多问题。这些问题仍然没有答案。我希望这本书能给你带来一些启发，我希望你的设计可以作为一种解决问题的方式在这个世界上开花结果。

序 言

和向世界展示自己的人对话

原研哉

阿部雅世曾经在米兰居住了十六年，之后移居到柏林，至今已经有两年了。作为一名卓有成就的工业设计师，她曾经担任国立柏林艺术大学的客座教授，现在则是国立爱沙尼亚艺术大学的系主任和首席教授，还曾被邀请到欧洲的很多地方举办过研讨会。阿部雅世自称为永远的图画工作少女，但在我看来，她是一位真正将设计视为一种广义上“创作”的人，就像日本神话中那名能让鲜花盛开的老爷爷一样，在欧洲人的脑海中种下了创造性的幼苗。很多日本人到西方国家去，都是以学习西方的文化或者在西方受到好评为目的，然而阿部雅世作为身处欧洲的日本人，却始终要求自己“要发挥作用”。这是非常难得的态度。

我与阿部雅世相识于二〇〇四年。当时，主办完以“HAPTIC（感觉的觉醒）”为主题的“竹尾纸展（TAKEO PAPER SHOW）”之后，我想将展会内容整理成书，便与参展的设计师们举行了几次座谈会。从米兰回来的阿部雅世也被邀请参加了。我跟她第一次见面的时候，展览会已经结束了。当时和我们一起座谈的还有纺织品设计师须藤玲子。那是我们初次交谈。

我们的谈话很愉快。当时令我印象最为深刻的是她对欧洲和日本的种种直言不讳的评论。我觉得她的话很有说服力，因为她从个人的切身体会出发。我见过很多在海外工作的人，他们往往会用当地的标准来评价自己，而我们似乎也只能唯唯诺诺地对那种异国情调的文化价值观表示钦佩。阿部雅世却不是这样。她在国外固然颇受好评，但在我看来，更值得我们注目的是她身上那种 “自我展示”的主动意识。而这，通常也是海外的日本人所匮乏的。阿部雅世通过自身的经历，展示了一名积极主动的日本人如何在欧洲奔走。

在阿部雅世眼中，日本和欧洲所共同面临的问题、全世界的人们在这个世纪里所要面临的问题都非常清晰。我每次跟她谈话，都希望这场谈话没有尽头，总是感觉那些话题背后还隐藏着更多的话题。我就像个贪心的小孩，虽然从圣诞老人那里得到了礼物，但还是惦记着圣诞老人背着的那个大袋子。我默默地期待着能有机会与阿部雅世畅所欲言。

平凡社替我实现了这个愿望。因为工作性质的缘故，像我们这样的职业设计师，如果要专门排出日程进行对话基本上是不可能实现的。但因为实在抵挡不住圣诞老人袋子里东西的诱惑，我飞到了柏林，而阿部雅世在回日本时来到了我家。

本书分为两个部分：东京篇和柏林篇。东京篇以我接受采访的形式开始，柏林篇则是以我向阿部雅世提问开始。我们用这种方式谈论了各自的背景和最近的爱好。话题看似散漫，却有其隐在的联系。如果您有耐心反复阅读的话，就会感受到我们彼此间的那种交流。

我们一直非常重视“设计”这个词。现在，“设计”成了一个在全世界范围内频繁出现的词汇。这是为什么呢？这也是该对话集的题目。我们的对话试图回答的正是这个问题。

目录

东京篇

第一章 | 如何理解设计

设计的入口

阿部：您把自己称为“平面造型设计师”，请问您是怎样走上设计这条路的？另外，您认为自己作为设计师的出发点在哪里？

原：我觉得是文字和语言的吸引吧。“平面造型”这个词对我很有吸引力，让我与“平面造型设计师”这一职业结缘的不是广告或者海报，而是文字。在相当长一段时间里，文字对我来说都是一种非常美妙的东西。我读大学的时候，还没有文字处理机，打字时都用日文打字机。这种机器可以从大约四千个字的键盘中，用带有四方形孔的指针逐字选出要用的字，非常厉害。只要将指针指向想要的文字，哐一下按下手柄，纸上就会出现那个字！现在说起来，这真是非常原始。但当时的我每次用这样的打字机打出文字，完成排版，都会非常高兴。

阿部：这是您与铅字的相识吧。

原：大学三年级的时候，我特别想写出“像书那样的东西”，于是就将写好的稿子交给技术非常好的打字行替我打出来。据说当时教平面造型设计的老师也经常把这样的工作交给他们做。早上把稿子送去，傍晚去取的时候，已经排成了非常漂亮的版面。当时的排版是一个字一个字地斟酌字距后排列而成，我觉得比现在用计算机排出来的还要漂亮很多。看到自己的手稿被印刷得如此完美，在那一瞬间，我受到了很大的震撼。打字行的人后来对我说：“光是看到您当时高兴的表情，我认为您干这一行就对了。”

阿部：看得出您当时非常开心。

原：是啊，那时真是开心。平面造型设计这个工作，就是利用印刷工艺对视觉素材进行编辑，最终呈现为书的形式。书里面有文字和语言，是知识的载体，也是思想的载体。我觉得通过印刷工艺，将宝贵的智慧保存下来，是件非常了不起的事。我喜欢制作这种载体。铅字竟然可以把经过筛选、推敲、誊写出来的思想成果完美地记录下来。我被这一点所感动。从事造型设计的人都会画画，具备一定的图解能力，我也不例外。但是现在想来，我一定是在那一瞬间意识到自己有可能从事平面造型设计师这个职业。我想把自己脑海中模糊的语言写出来，形成手稿，手稿再经过排版，变成清楚的文字固定下来。我想就是在那一瞬间我产生了这样的想法吧。

阿部：当时那种喜悦的心情以后有所改变吗？看到自己的工作成果以铅字的形式被社会所接受的喜悦，到现在还是您设计工作中最快乐的一部分吗？

原：是的。现在信息的形式多种多样，经过精心的编辑处理后，信息开始以展览会、书籍或者广告、网络等形式传播开来。那一瞬间我仍然特别开心，因为有充实感。展览会也是。当所有的细节都准备妥当，展品、灯光、配乐一一就绪，想到“可以把客人请到这个空间里来了”的那一瞬间，我就会情绪高涨。黎明前，在展览会场里把鞋子脱下来，躺下，用胳膊肘或是什么别的东西支撑着头，欣赏着刚刚完成的空间设计，会产生让人非常难忘的感受。书也是这样。虽然校样看起来乱七八糟的，但是等到最后完成时，只要往桌上哐地一放，就让人很感动。当一本书啪地一下交到您的手上，就预示着一项工作已告一段落，这样的瞬间到现在想起来也让人非常开心。

阿部：就是准备向社会交出一项设计的那一瞬间吧。

原：无论信息传播媒介是哪一种，对我来说把它们变成值得推敲的形式是最重要的一点。各种媒介的存在感是不同的，我现在还是特别喜欢书这种存在形式。

创造智慧和想象的容器

阿部："书是思想的载体"，真是个不错的形容啊！

原：现在，我正在改写《设计中的设计》（中文简体版已由山东人民出版社出版）的英文版。在第一章里，我对设计的发展历史做了一个回顾，从约翰·拉斯金（John Ruskin，一八一九～一九〇〇，英国维多利亚时期最重要的艺术家、科学家、诗人与哲学家，英国美术工艺运动的理论指导者）和威廉·莫里斯（William Morris，一八三四～一八九六，英国设计师、作家、印刷家和社会主义者，英国美术工艺运动最重要的代表人物）在欧洲发起的近代设计运动开始讲起。

而这次在改写过程中我又加了两章，其中一章讲的是人类开始直立行走的重要时刻。我认为设计的历史必须从那个时候开始说起。

有一部美国科幻电影叫《2001太空漫游》（*2001: A Space Odyssey*，由Stanley Kubrick导演）。影片的开头部分展现的是猿人进入直立行走时代后的场景：有两个群体正在进行斗争，当时，一方捡起地上的动物骨头将另一方打倒在地。这个场景象征着"人类把棍棒作为工具，来扩大自身改变世界的能力"。猿人将骨头抛向空中，骨头在空中盘旋，变成了在空中漂浮的宇宙飞船。就像这个场景所表现的那样，棍子是人类最早使用的工具，但工具的雏形还有一个——就如用空着的手拿棍子是很自然的一件事一样，人到了河边，就会用两只手捧起水来喝，这就是容器的雏形。容器是工具的起源和原型。所以，我觉得工具的雏形有两个——棍子和容器。

阿部：确实如此。很多工具都是身体的延长，比如书就是记忆的延长。这部电影可以让您想到设计的源头，从这个意义上来看，这部电影真不错。

原：据说因为工具逐步进化，人类的身体变得越来越纤细也越来越有力。人类利用工具改变环境的能力不断提高，比如从使用棍子慢慢变成了使用弓箭、刀、动力铲甚至导弹。这其中包括两个系统，一个是以加工和改变世界为目的的“棍棒系统”，另一个是以保存物质和智慧为目的的“容器系统”。我觉得将这两个系统一并考虑是很重要的。服装和家居、语言和文字、包含文字的图书等都是“容器系统”。迄今为止，所有设计观都认为工具是从棍棒开始不断进化的，如果在此之外，再加上另一种工具的起源，我们关于设计的想象力肯定会因此发生很大改变。我觉得，我们设计的应该是容器。

阿部：不仅是物质的容器，还有精神的容器吧？

原：对。特别是精神的容器。如果追溯到远古时代，古人利用手掌形成的空隙，就是容器呀。在我看来，想象的来源不是像棍子那样的物质性的东西，而是像两手之间存在的空间那样虚无的东西。

装饰是力量的象征

原：在《设计中的设计》中，有一章是关于装饰的话题。现代设计的理念是摆脱装饰，设计出简单合理的东西。人们一直在说设计不是多余的装饰。但是，如果冷静地观察人们制造的东西，我觉得有百分之九十八都是在多余的装饰上下工夫。再看看近代以前那漫长的历史，也不得不说装饰才是设计。

为什么我们需要装饰呢？比如古老的青铜器，从一诞生开始，青铜器就布满了细密的花纹，涡形花纹遍布表面。我们没见过朴素简单的青铜器。这是因为，无论村落也好，国家也罢，人类要保持一定的向心力，就要展现出能够维持这一向心力的力量和能够产生出这一向心力的作品。人类需要这种能把力量表现出来的结构，需要可以显示出这个国王很了不起、这个国家很棒的设计。稠密复杂的花纹，是那些经过勤修苦练掌握了高超技术的人，经过漫长的努力才完成的惊世之作。将这些壮丽的作品展示给世人，大家就会感觉到这种气势，不由自主地拜倒在地——那些稠密的花纹就是有如此大的力量。

国家与国家之间，文化与文化之间，在武力方面保持着平衡，在象征力量的形象方面也应保持平衡。在阿拉伯国家与中国对抗的时候，中国展示出“缠绕着能够显示国威的神龙花纹”，阿拉伯国家则拿出了“布满伊斯兰几何学样式的艺术”，好像在说我们很可怕哦！不是那么容易攻打的哦！我们拥有很深厚的文化底蕴哦！

阿部：他们是在示威吧？那种装饰确实具有征服人心的力量。

原：也就是说，近代以前的社会，为了表现出某种强大深远的力量，装饰是必需的。印度的泰姬陵的外壁上布满了工艺品，哥特式教堂的图案也是精细至极。在法国绝对君主制最昌盛的时候，建筑上出现了像巴洛克式和洛可可式那样稠密的装饰特性。总之，要显示出所拥有的力量，稠密的装饰是必不可少的。然而现代社会是一个人人平等的社会，虽然国家作为制度存在，但是已经没有必要用装饰来互相示威，保持紧张与平衡了。也就是说，近代社会是一个不需要装饰的社会，简单就好，像以前那样的装饰已经不需要了。

阿部：日本在二战后确实变得平和多了，但人们开始用名牌来装饰自己。在一定意义上，这是为了表现权力和地位的一种新的装饰形式吧？

原：当然，让装饰性一下子消失是不可能的。但是，从大的历史背景来看，装饰就存在于这样的历史潮流中。现代社会的目标之一就是每个人都可以自由地做自己想做的事，对自己负责。如果这个目标得以实现的话，稠密的花纹也好，神龙花纹也好，都不需要了。我们真正需要的是温和的合理性，我们要追求的是那种简单的知性和感性，这样我们就可以发现到达目的地的最短距离。在这样的时代潮流中来观察追求简约的现代主义，您就能够理解了。

毋庸置疑，在漫长的历史长河中，人类大部分的设计精力被放到了装饰上。而现代主义就是要从这种形式中解放出来。从这个意义上讲，后现代主义是有些超前的概念，因为近代社会中存在的一些问题，在现代主义中仍然存在。我把以上这些想法整理出来，写进了有关装饰的那一章。

阿部：也就是说，要进行的是您刚才提到的那种设计，而不是仅对装饰性负责的设计。

原：对。我总感觉自己在设计不需要装饰的容器。

阿部：与其说是物质的容器，倒不如说是更广义范围上的容器吧。

原：从意识到设计不仅仅是从棍棒开始，同时也是从容器开始，我脑海中就出现了容器的形象。另外，我对装饰在近代之前的古代和中世纪所起的作用，也有自己的见解。如果和现代设计相联系，我似乎可以看到光明的前景。我觉得自己的设计观是和过去相联系的，是合乎逻辑的。

“精神”的设计

原：设计的概念显示出人类社会具有创造的智慧。但所谓“设计家电”等说法，透露出的是非常短浅的消费主义的想法，对此我感到很悲哀。人们对设计这一词语的理解与运用还存在着很大偏差，不知道该从哪里入手。而人通过生活去创造环境，其中所蕴涵的睿智就是设计。设计是让人认识到事物本质的工作，能否认识到这一点，会对设计产生完全不同的理解。我写《设计中的设计》这本书的契机，就是出于对这个问题的考虑。现在，人们总觉得“设计师”就是那些设计家电、设计公寓、设计杯子的人。如果一直都被如此误解的话，我都不想要设计师这个称号了。（笑）

阿部：在被称作“设计师”的那一天，您已经开始想逃走了吧。（笑）

原：但是，设计这一概念对我来说仍然特别重要。人们一直给予它牵强的解释，我感到太遗憾了。让社会重新认识设计的本质就是我的工作。

阿部：日本总是在说创造事物，但就是因为光是在创造事物，所以才出现了如此多的物质的东西。我看到原先生您正在进行的是容器的设计，这是只靠“物质”无法解决的，其中还要有充满着“精神”的容器。

原：我可能确实是在从事“精神”的设计，而非物质的创作。将事物的特征、人们的交流、觉醒的契机和想法的来源，类似于这样的东西带到社会中并保留下来，这才是我从事的工作。我设计过海报、图书、报纸广告、象征标志，但我希望自己设计的不光是标志的形状，还要让人们在使用这个标志时，脑海中能够呈现出相应的形象。

阿部：也就是说您在制作实现这一目的的工具？

原：是的。我希望自己设计的是思想的工具和想象的载体。所谓海报应该是指一种交流的“痕迹”。由于书是载体，而不是设计，所以收录什么、怎样收录是很重要的。比如说，设计《再设计》（*RE–DESIGN*）这本书，就是要找出再设计(RE–DESIGN)的“精神”，并把它放入书中，然后使之流动起来。也就是说，我想做的事情是通过展览会的形式表现出来，然后再被收录进图书，流通、传播下去。

展览会自然要制作出展览会这种“物质”——安排展示物并制订出具体的计划、决定照明灯光和地毯的颜色、设计标志、制作直投广告和网站、进行展示用具的设计等，虽然这些工作都是要做的，但最终还是要以“物质”的设计为媒介，在看展览的人的头脑中形成“信息的建筑”。

书也是一样。从事“精神”的设计就是要在人脑中产生东西。“物质”不过是它的痕迹而已。

平面设计的训练

阿部：“我”的特征实际上不是我的东西，而是别人如何认识我。如果说，把物质的特征以浅显易懂的形式表现出来是设计的任务之一，从最初的平面造型开始走到今天，您是以怎样的形式进行训练的呢？

原：设计工作乍一看好像有诀窍。一般人可能认为，如果掌握了某种手法，就可以制作海报和标志，就可以想出有趣的广告创意，搞好宣传活动了。但是我们所要解决的问题每次都不一样，所以每次都要做很多工作。比如现在，我用“HAPTIC”和“SENSEWARE”等关键词来统筹展览会，用的是比较复杂的表现手法。但在这之前，作为一名造型设计师，我还是从用铅笔画出形象开始的。

阿部：必须用铅笔吗？

原：我是用铅笔的。最近也用自动笔和细签字笔，但作为平面造型设计师的基础还是绘图、画素描。由于我是上了研究生之后才成为设计师的，进入公司时已经二十四岁了。进入公司后不久，我就接手了某内衣公司的设计工作。由于这一工作与女性身体有关，我挺害羞的，而且当时我的素描也很差。虽然这是非常基础的东西，但如果素描差的话，无论是向人们传达某种理念，还是根据女性的身体考虑造型设计，都是不行的。那个时候我想这样可不行，就在休息日参加了在高圆寺举办的速写课程。那里有裸体女模特，大家可以画速写。现在想来，作为设计师的开始，那是很好的训练。

在画速写的时候，那种害羞的心情没有了，对于自己干的事也可以冷静地接受了。由于专注于速写本身，我可以从容地画裸体女人了。我可以在看到人体的一瞬间就条件反射似的画出来。开始的时候，我是努力去画得很好，然后渐渐地这种条件反射似的绘画变得容易起来，我不再需要那样费力。而我的收获并不仅仅是把女人的裸体画得很好，更重要的是，我明白了绘图的意义——将在脑中的形象和感觉，没有障碍地顺利表现出来。将脑海中的某个东西、看到的某些事物在一瞬间就表现出来，这对于设计师来说是非常重要的。

德国包豪斯设计学院（Bauhaus）的约翰内斯 · 伊顿（Johannes Itten，一八八八～一九六七，瑞士人，包豪斯早期基础课程的老师，对包豪斯的发展有重要影响）教的课程中，有一门叫做“造型体操”。我望文生义，一直以为是类似广播体操的东西。但是，最近从别人那里听说，上课的时候，伊顿让学生拿着炭笔，用非常快的速度奔跑，并让他们用炭笔在画布上以很快的速度画线。我一下就明白了他的意图。这一训练就是要让学生们对“自己身体干的事情和发泄出来的东西”所具有的那种抵抗消失。绘图本身就是一种让形象在大脑内外能够自由地融会贯通的训练。如果不做这个训练的话，谈概念之类的东西毫无意义。

阿部：设计师的画是向人们传递信息的手段，而不是为了表现自己吧？不知道如果您在高中的时候就学习速写的话会怎样呢？

原：可能会与现在有些不同吧。比如技巧方面应该会非常厉害。我是在二十五岁以后才开始速写方面的训练。我曾就读美术大学，所以也进行过不少眼力的训练。素描就是观察事物的眼力训练。即使能精确地观察事物，也有将其再现的技术，但是光凭这些还是不能将想法马上表现出来。内心的世界和外面的世界无法简单自由地往来。一般来说，人们都只是关在壳子里，想象也只是存留在自己的内心世界里而已。

阿部：也就是说不光是技术问题，如果不能表现出来的话，那些感受就没有意义。

原：作为平面造型设计师，就是要比别人画出更优美的线条。我能做设计师的根据就在于，不管是文字的编排、照片的排列，还是版面的平衡及设计——如果把这些总称为“优美的线条”的话——我都能做出最适合的形式。如果不能画出优美的线条仍然是做不了设计师的。所以，最好进行一些训练，特别是体力上的训练。

连续不间断

阿部：您工作时是不是有种同时骑十台自行车的感觉？

原：可能是我太贪心了。有一种把好多球抛向空中的杂技，如果工作时也能像那样的话就好了。

阿部：能保持以跑步的速度完成工作，把一项工作和其他工作联系起来，这些都是有技巧的。您现在具体在做哪些方面的工作呢？

原：以广告为主，还有图书的装帧设计、美术馆的视觉设计、城市标志系统，另外还有旅馆、饭店、餐馆的品牌标志设计和品牌的各种宣传促销活动以及展览会的策划，偶尔也会制作一些电视广告。此外，我还一直做着报纸广告和海报的设计工作。另外还有销售宣传，主要是以将物品销售出去作为短期目标的工作，根据不同目的制作不同大小的商品目录和夹在报纸里的小册子等。比如无印良品的工作，必须从头到尾掌握整体情况，所以从广告到标志、目录、促销、店铺宣传等都要照顾到。

我也在做手机的设计。对我来说，设计手机的工作并不是光设计就完了，因为我的最终目标是让使用手机的人能顺利地进行交流。所以就要关注交流的形式，为此，就要考虑如何处理那些妨碍到用户使用的细节部分……先不管能不能做到，光考虑这些事情，就增加了我的工作量。（笑）

阿部：这是因为您意识到这是可以和将来相关联的一项工作吧？

原：所有的事都是连续不间断的，这很重要。帮助企业工作，就要考虑为什么这家企业会在社会中存在，如何让它的这种价值恰当地表现出来。换句话说，就是帮助企业实现它的理想。如果这样想的话，就会看到有太多必须做的事。比如，受委托制作海报时，会想到光制作出一张海报是不会有前途的，要多思考问题，对需要解决的课题多提建议，能让对方理解的话，工作就能顺利、持续地进行下去。

总之，不是为了推销而设计。比如，信息的传达也不仅仅是做到发布信息吸引顾客就完了。我们必须让接受这个商品的人，大脑不断地进行连锁式的转动。信息的力量，是要让对方的大脑转动起来，引起他们更大的兴趣，而不是只要被人接受或在脑中被消化就行了。所以，要考虑怎么让对方的大脑持续地转动下去。信息传达的目的是理解，实际上理解了，信息传达的活动也就结束了。我也不怕您误解，其实，理解也意味着消化。即使是运用品牌战略，也不能认为人们已经了解它了，就忽视理解。要让人们一直对未知的、新鲜的东西保持兴趣，这是很重要的。我觉得这才是信息的传达。

为什么在大学教课

阿部：您为什么会成为武藏野美术大学的教授呢？

原：刚开始，我觉得一边做设计师的工作一边教书是不可能的，所以拒绝了好几次。但是后来我改变了想法，觉得大学也许是可以和学生们一起探讨设计问题的地方，所以就接受了。1993年，我在日本设计中心开设原设计研究所时，还是比较有时间的。那时在双月刊《设计的现场》主持一个叫“综合空间（complex pool）”的连载栏目，模拟设计“想做的东西”。

比如，在城市进行“对屋顶的重新审视”。我设想对银座松屋百货店的屋顶进行重新设计，把它称为非“邻水”（waterfront）而是“邻空”（skyfront）的开发，制作出新的空间模型。或者说设计新的球类游戏，就要对球类游戏和近代科学的关系进行调查。

阿部：就是进行新“结构”的设计？

原：对啊。与其说是结构倒不如说是单纯的想法吧。比如说想着“这件事在设计上可能吗”，在这样的设想和尝试中与各种各样的事物接触，不断拓宽自己的设计领域。

例如，关于烟花，您知道是谁设计了烟花或烟花是怎么设计的吗？去卖烟花的店里采访一下，就会知道烟花原来是根据“星”（往天空放射的烟火，是在被称为“玉”的纸制球体中放入被称为“星”的火药丸制成）的做法和火药的装填方法设计出来的。如果知道这些的话，自己就可以进行设计，想法也会不断发展。喜欢广告的一位工作人员就在想，可否将东京电力或者麦当劳的标志变成烟花呢？我也在想，可不可以把当时我接触到的鸟取县的特产“蟹型”做成烟花呢？

阿部：真厉害！能够对烟花形状提出建议。

原：在星形烟花的剖面图上附上蟹型的平面设计图，而且模拟放烟花时的状态，也做出了超现实的视觉效果……那时这个连载是很受欢迎的，只可惜一

直没有人来实现这些想法。（笑）

阿部：但它们可能会给人留下深刻的印象。看过这些内容的一代人，如果到了属于他们的时代，说不定他们会一个一个地去实现这些想法呢。

让人们知道有多少是自己不知道的

原：我觉得有很多想法都是可以借鉴的。比如说，在考虑“季节变化／符合时宜”这个主题时，我就试着给报纸换装。就是把行距、标点符号、标题、正文的字体等分成清爽型和温暖型。用清爽的行距、轻巧的字体就可以明显地做出夏季版式；相反，如果是冬季版式的话，就要让人一看就有温暖的感觉。因为报纸的纸用的是原浆，所以可以控制纸的颜色。夏天用白色，冬天用浅茶色。报纸标题的用字，在夏天会缠绕着牵牛花，冬天会堆积着白雪。我试着做这样一个版面，果真做出了夏季报纸和冬季报纸的效果。

阿部：看起来“季节变化”是个有得做的主题啊！

原：看似是在没用的事上花费精力，但那时的感觉也能用到现在的工作中。那时候产生了很多独特的创意，这些创意正在一点点地改变着我的工作。

阿部：自己进行设计训练的经历是很重要的吧？

原：我想和学生们一起再进行那样的尝试，就开始到母校武藏野美术大学教书了。针对大学四年级的学生时是以研究小组的形式上课，进行毕业作品的指导。第一年，我一个个地指导他们，但那样的话，我就像是一个医生，看着病例问患者今天感觉怎么样。虽然也挺有意思，但是效率很低，所以我就想稍微改变一下。从第二年开始，变成由我准备研究主题，大家一起研究。因为我的专业是传达设计，要收集信息。所以，在讨论信息是什么的过程中，诞生了“EX-FORMATION”这一关键词。

阿部：EX，是信息（IMFORMATION）的反义词吧？

原：是的。对于新的信息，现在人们总是说“知道了，知道了”，其实只是听了点皮毛，但是，到底知道了什么，知道了多少呢？另外，就像刚才说的那样，“让人们了解”不是设计工作的目标，不是使人们掌握了所提供的信息，“明白了”就完了。要让人们不安，心跳，产生新的求知欲，想尝试做些事情。最关键一点是要创造一种持续思考这件事的状态，让接收信息的人的脑子变得更加活跃。所以，不是把信息已知化，让人们都说“知道了，知道了”，而是要让其未知化。不是有一种方法吗？先稍微追溯一下信息的根源，然后把它用新鲜的方式表现出来，这种方法就是EX-FORMATION——让人们知道有多少是自己不知道的。

阿部：如果说出不知道，就说明清楚自己还有很多东西不了解，这要比说“我知道”的冲击力大多了。

原：EX-FORMATION是老师想出的概念，但之后具体的主题是和学生们一起考虑的。最好的主题是那些大家会说“就是这样的东西啊”，认为不值得太重视的事物。第一年时，我跟研究小组的学生一起看过一部叫《四万十川》的纪录片，以此为契机，就把“四万十川”（位于日本四国高知县西部，全长一九六公里，是四国境内最长的河流）定为主题了。那个纪录片拍得非常好，正因为这样，全日本的人看了这个纪录片，应该都会坚信四万十川“就是这样的啊”。那么，如果把四万十川“EX-FORMATION”呢？中央公论新社出版了这一研究成果。编辑成的书和参考手册完全不同，四万十川被很好地“未知化”了，新的存在感应运而生。至少我现在很清楚自己对四万十川有多么不了解。所以，我觉得EX-FORMATION也许可以很好地运作下去。

引领价值观的转变：“舒展”不如“褶皱”

原：第二年的主题是“Resort（度假）”。第三年是“褶皱”。现在“褶皱”正处于佳境，很有意思。设计一直以“舒展”为价值观来看待事物，然而，现实的世界是“褶皱的”。比如您穿的麻料衣服就是有褶皱的吧。不仅仅是麻料，丝绸、绵和纤维等等，做出褶皱感都会很有味道。古董牛仔裤（Vintage Jeans）就以褶皱为美；古董也受到了褶皱形美感的恩赐。

阿部：对于在新产品中成长起来的一代人，似乎那些留有别人用过的痕迹的东西，反而更有魅力，但年龄稍大一点的一代，会觉得这种感觉有点复古。新一代的人对新产品好像有点腻了，因为什么时候都能买到。

原：有的学生认为牛仔裤的裤兜和甩干机是“褶皱工场”。他们把甩干后皱巴巴地拧在一起、团成一团的衣服仔细地照下来；他们还把书或草帽放入甩干机进行实验，结果《人间失格》（日本著名小说家太宰治的代表作之一，被视为他的自传）这本书变成了一个怪异的东西。放在兜里三个礼拜的纸巾也是皱巴巴的东西。想想看，虽然人们看到的烟和口香糖的包装大多是褶皱的状态，但是奇怪的是，我们只能把它们设计成新物品的样子。

阿部：是啊，布鲁诺·莫纳瑞（Bruno Manuri，一九〇七年～一九九八，意大利艺术家、平面设计师）也在书中写道：“应该把做饭的木铲、鞋跟等一开始就设计成磨损了的形状。”在柏林美术大学，我也一直在和学生们讨论“不被消耗的设计”。由于消耗、磨损等是贬义词，所以把它换为成熟这个词应该更好吧。我们应该在熟知物品成熟后的形式之后，再进行设计。

原：没错。“成熟”和褶皱是密切联系的。

阿部：“不被消耗的设计”的研究真的很深奥。

原：从一开始就有几个学生试着设计褶皱。比如，像浸湿的衬衫那样的褶皱、刻着像佛像衣褶那样美丽花纹的搓衣板、在袋中化了又按照袋子褶皱的形状凝固起来的冰棍儿，等等。服装品牌“一块布（A-POC，即A Piece Of Cloth，始于三宅一生一九九八年发表的作品，二〇〇〇年正式成为服装品牌）”正在销售的一款“新的破旧牛仔裤”，就是在破旧的牛仔布表面上，通过细致的扫边、编织，再现其褶皱的。而这些就是设计出来的褶皱。

阿部：看来在日本价值观也在发生变化，人们不再认为崭新的东西是最好的。在欧洲，以前就有人觉得如果衣服很新就不好意思穿出去，因为会让人感觉自己是个新手。虽然也会因物品而有所不同，但一般都会觉得用过的东西比较好。

原：击剑也是这样，击剑手一定要把新的器具弄脏。很多高中生还把学生帽埋在地里，因为如果不弄上点污垢的话，就会像新生一样，很没面子。褶皱已经变成一种文化了，如果仔细观察的话就会发现生活中有很多这样的现象。

阿部：就像三宅一生的“我要褶皱（PLEATS PLEASE）”系列，人们对此如获至宝，非常喜欢。

原：褶皱的设计是需要独到眼光的。有的学生虽然不是非常敏锐，但也想把靠垫设计成像英国斗牛犬那样皱巴巴的。斑点也是褶皱，棉麻等天然纤维的魅力在于褶皱。凝视褶皱，就会发现它的魅力。

阿部：在传统观念中被认为是消极因素的褶皱一下变成积极的了，这就是设计的奇妙之处啊。

原：有一个小组，他们从一比十万的日本地图中把道路挑选出来。无论是狭窄的农用道路还是一级国道，都用一样的线仔细地勾勒出来，他们把地图上日本列岛中像丝瓜纤维那样细微的道路都挑出来了。这算是人工的褶皱吧。河流也是用同样的方法处理。这些都是令人吃惊的褶皱。

阿部：对啊对啊。瑞士人经常这样说：都说瑞士很小很小，但是如果把这些褶皱展开的话，就变得非常大了。

原：真有意思！这也是一大发现啊！

阿部：如果把日本的山都展开的话，说不定日本也会变得异常辽阔呢。

原：充满褶皱的瑞士将怎样展开呢？电脑可以精确地模拟出来吗？

阿部：把瑞士的学生召集在一起，利用像国土地理院那种机构提供的数据，说不定可以做到。

创造存在感

原：去年，三年级的学生提出了“次要功能”的课题。就是试着考虑物品的第二功能。比如说，胶带可以用于瓦楞纸板等物品的包装，仔细观察的话，就会发现那也是可以进行平面设计的平台。有的学生在白色的胶带上用粗哥特体写上日语假名“あっ”、“う・う・う”等文字，再把贴着胶带的箱子堆积起来，就好像全都是货品一样，显得有些凌乱。（笑）有个学生把胶带整个染成了蓝色，并加上了一些冲浪运动员乘浪、划水的插图。用手扯断胶带时，断裂的地方就像是白色的波浪一样，于是他兴奋地说："啊，是个乘浪的好时机！"最令人吃惊的方案是在胶带的表面印上烤紫菜的纹理，用气泡袋把碗包好，再用这种胶带捆住，怎么看都像个饭团（笑）。当然也有很认真的人。

阿部：认真的人的作品是什么样的呢？

原：比如，可以进行垃圾分类的胶带，或者是画上笔记本格子线等实用性的创意等等。也有的人为了方便使用，在胶带的中间打出一排小孔。这个创意似乎很快就能商品化。

这些想法不是停留在讨论、创意的层面，还要制作出实际的模型。这就需要成品度，因为如果做不出有说服力的模型的话，就不能表达出创意的真正妙处。然后就是拍照。拍照的方法会因想传达的侧重点不同而不同，所以也必须考虑相片的样式。比如，是带背景的、有日常生活气息的好呢？还是进行剪切后带有说明性的好呢？是有人物使用场景的好呢？还是只有物品本身的好呢？翻开杂志，带着批判性的眼光看过所有的照片后，就会对照片有基本的了解了。接着，就是让学生们用简洁明快的语言写出设计的意图，然后在画板上进行版面设计。一旦明白了版面设计的逻辑流程，版面设计的质量也会提高一大截。

阿部：这种方法很好啊。如果没有好的创意表达形式的话，并不能算是设计。没有意识到这一点的学生很多啊。

原："美术馆"的课题也很有意思。学生先进行美术馆的构思，然后根据这个构思进行标志等视觉形象的设计，设想第一次在那里开展览的情景。这是把虚构的美术馆真实地展现出来的实验。比如，"俏皮话美术馆"、"百分之八十美术馆"、"回转寿司美术馆"，并把这些与众不同的美术馆变成现实。回转寿司美术馆指的是，利用回转寿司的模式，举办"发光鱼类展"、"果冻展"等等。乍一看可能觉得很荒谬，但想想之后，就会觉得很有意思了。

阿部：真是有很多创意啊！

原：我们要把这些创意尽量真实地展现出来。为了表现出其内在特质，要具体想很多标志的应用实例，还有能够展现其形象的具体例子。例如举办"回转寿司美术馆第一届布丁展"。要设计具体的海报，把在街头张贴海报的情景、树立起广告牌的情景用照片模拟出来。比如说，制作购物袋的话，就把拿着它的人在车站等车的情景照下来。如果设计了车票，就把它被丢在雨中的人行横道上的情景拍摄下来。在美术馆咖啡厅的桌子上，捏成一团的收据被丢在烟灰缸旁边，把印在收据上的标志拍摄下来等等。在认真地做这些事情的过程中，感觉虚构的美术馆就像真的存在一样。当这些画板设计累计到十个的时候，就进行一次讲演。

阿部：就是用谁都能懂的语言，制作出真实的视觉效果吧。

原：在这个过程中，就会对传达设计这个概念隐约有些了解了。设计要创造的是精神，而不是物质。虽然您所构思的东西实际不存在，但是就像是真实存在一样，这就是内在特质。于是，就会发出“啊，的确如此啊”这样的感叹。学生们最终深刻理解了传达设计不仅仅是设计海报。

阿部：看来这门课就是要让学生们明白到底要做些什么的功课吧。

原：目的就是通过设计，让学生明白自己接触的到底是什么。

阿部：对学生来说，那是他们最想知道的吧。

原研究小组的夏季集训

阿部：您一边从事设计师的工作，一边在母校教书，我觉得您的课可以让学生们体会到真正的工作乐趣，让他们明白自己需要什么。

原：我想让学生们在现实世界中具有独创性的构思，并拥有使之成为现实的强大力量。可能我的要求太高了。

阿部：是斯巴达式授课方式吗？

原：用斯巴达式是有成效的。学生们没有意识到那是我铺设的轨道和采取的方式。问题是，一个人的话能否采取这种方式。

阿部：那的确是非常重要的。EX-FORMATION是研究小组的第一个课题吗？

原：在大四学生为期一年的毕业研究中，EX-FORMATION是很大的一个主题，每年大家都一起研究。在决定具体的研究主题时，大家把很多候补主题贴在墙上，然后投票决定。

每年研究小组都有集训，但是每年都会改变地方。四万十川是去进行野外调查，第二年是清里的山庄，第三年是位于富山的合掌造（日本传统住宅建筑模式，以倾斜的屋顶为主要模式，因类似双手合掌的形状而得名，被登记为世界文化遗产）山间小屋。每个地方都是我记住活动内容的线索。虽然到最后能记住研究小组学生的名字，但是哪个年级的记不清楚，所以我会说“你们是清里”，“这个年级是富山”，而且这也可以作为给实践经历分类的依据。

阿部：变换地方的集训是每年的惯例吗？

原：是的。对于提高大家的干劲来说也是很好的选择。最近我还和研究小组的学生进行了一次三日两夜的集训呢。富山有个叫相仓的村落，是世界文化遗产，从那里步行大概十分钟的样子，有个叫做“无名舍”的住宅，归武藏野美术大学所有。这所住宅正好够二十来个人住。地炉位于房子的中央，滚滚的烟雾从一层的地炉冒出，从屋中直升到三层。由于没有烟囱，烟可以直上屋顶，慢慢地飘到外面，此情此景美极了。对于学生来说也很新鲜。把二十来条岩鱼穿成串，放在地炉边上烤，这也是一道不错的风景。就是湿气太重了，特别是今年雨很多，大家身上都要发霉了，所以必须在地炉里生火。

阿部：像这样变换地方，心情也会变得自由一些吧。和平时的讨论比起来，有什么不同吗？

原：我们把床单挂到墙上作为屏幕，把电脑中的画面投影到上面进行研究讨论。虽然地炉的烟雾会让画面有些模糊不清，但大家都感到干劲十足，也包括我自己在内。

采取有成效的方式

阿部：教育学生，不是光让他们制作东西。

原：我告诉他们我也在拼命地做出好成绩。

阿部：您在书中也写道："大学里的老师做事才有抱负。"您也正是这样的吧？虽然研究讨论和技术训练是必需的，但是在大学，引入可以真正取得成效的方案，创造机会让学生们接触到专业水平的工作，是很重要的。这也是教育机构、研究机构的职能。特别是要和工作第一线的人保持联系。不过，这样一来上课的内容就变难了，可能跟得上的学生就不多了。

原：那倒未必，如果尽力帮助的话他们会跟上来的。我经常鼓励他们说："您看，这不是很好嘛。"（笑）我渐渐明白，与其在学习和研究并存的时候，老师以学生跟不上的速度前进，倒不如让一般的学生都能跟得上。达到某一阶

原研究小组的集训 四万十川 在当地人的指导下制作绳子（上）/富山 相仓（下）

段后理解自然会加深很多。学生沿着一定的思路完成课题，水平自然会提升。不是有很擅长做研究会的老师嘛，看看他们工作的样子，我就会觉得采取的方式很好。

阿部：也就是找出如何让学生发挥特长的方式吧。主持研究会其实和当乐队指挥是一样的。把不知道自己吹什么好的外行人带到管弦乐队中，让他们发现自己擅长什么。然后，决定哪个成员拉哪首曲子。

原：对。只会吹笛子的人就让他们知道吹笛子的重要性。比如指挥会安排，他节奏感强就让他演奏打击乐，你敲三角铁等等。努力演奏的人，即使没有意识到乐器之间是如何配合的，只要按照一定的程序演奏，还是能演奏出很好听的乐曲的。全体成员达到一种默契是最理想的状态，效率很高。

阿部：当每个成员都充满自信，就可以做到一个人做不了的事情。这是最神奇的地方。

原：其实老师也受到学生的训练，就和接受严格的设计训练一样。比如，EX-FORMATION这个主题，当然是由我来把握，但是每个人的理解是不同的。听了学生的想法，马上抓住有意思的地方，提出建议，这并不简单。老师这项工作就是这样接受训练的。而且，不光是自己的研究小组，比如说整个系的论文阶段报告会，老师们既是会议的参加者又是评论者。学生说我要研究这个问题，老师就要马上抓住它的核心，提出建议，比如这个问题在这个方面比较有意思，可以读读这本书等等，必须给出恰当的反馈。当八十人的报告结束后，感觉像完成了一个很艰难的研讨会，整个人筋疲力尽，但脑子得到了极大的锻炼。我就是体会到这一点才去的大学。

阿部：感觉大学就像是训练场一样吧？

原：就像是腹肌，在脑中锻炼腹肌的感觉。美术大学的学生想法特别奇怪，因为天天要接触那些奇特的想法，别人都说："原先生去教他们也真不容易啊！"其实并不是这样。因为我是在接受训练，并不是在教书。但是，回到公司总是时间不够，员工们肯定都在想；"原先生能不能别去学校教书了呀。"（笑）

第二章 | 语言和沟通

解释的专家

阿部：习惯于日本的社会生活，如果不注意的话，人和外界的沟通能力就会降低，不能准确地向不了解日本国情的人传达信息。在日本，说“那个”的话，大家都知道“那个”指的是什么，根本用不着解释。这就是内部沟通能力堪称世界第一的负面作用，是日本人的弱点。如果到了国外还用这种方式和人沟通，比如说：“请帮我把那个稍微弄一下，嗯，就是这种感觉，拜托啦……”这是无法准确翻译的。

然而，从素未谋面的原先生您那儿寄来的，请我参加HAPTIC（感觉的觉醒）展的委托书中，从您的自我介绍开始，到为什么办这次展览会、具体是怎样的展览会、得到了哪些技术支持、希望我在那段时间里做些什么，都写得非常清楚。随函还附有您的著作，这些在一个包裹里全都包括了。我还是第一次从日本收到如此清楚的委托书，说实话，我很感动。

原：我一直很重视语言，特别是母语。当想说“就是这个地方”的时候，如果不能选择确切的语言来表达，事情是不能顺利进行的。当然，如果会说其他语言，就可以了解每门语言的创造力都存在差异，语言本身对于感觉的触动点也不同，这是有利的地方。但最基本的还是母语，如果不能充分发挥母语的作用，像设计这样细腻的构思，是无法传达给别人的。我觉得丰富的词汇和把自己脑中的好点子恰当地解释出来的能力，才是沟通的基础。像画速写一样，动手能力很重要。仅次于它的，就是语言。要从事设计师这个职业，就必须成为一个解释的专家。

阿部：纯艺术创作同设计的根本区别就在于：设计要面向不同领域的人，不断地传达自己的意图，消除误解，推动工作的进展。

原：我也是这么认为的。也就是说，设计要全方位地使用自己的大脑。设计师这个职业的特征，就是要思考非常难解释的问题，思考至今没人想过的问题，向人们提出建议，比如，“如果您这样做的话，这件事是不是可以顺利进行下去呢？”这就是设计师。设计师必须考虑奇特的视觉效果和创意，并对如何才能顺利地把它们运用到广告、促销、活动中去，做出细致入微的说明。创意的好坏和真实性只有设计师才明白。作为新奇故事的创作者，就像作家写小说一样，按照一定的脉络，用语言向众多的人传达……不仅仅是客户，还有摄影师、广告文字撰稿人，以及与之相关的其他工作人员，要向他们准确地传达出创意的细节、意思和效果。只言片语是不够的，当然也不是说得越多越好。为了让大家正确地理解自己的想法，最好随时准备好能准确表达的话语。

阿部：欧洲一些国家也是一样，其国内的乡村社会和日本很像，但一旦出了村子，来到不同民族混杂的国际社会，这时就会尽量避免像“不言而喻”、“感觉”这类的语汇。由于随意的解释而做一些无用功，是最危险的。如果不想被一些琐事牵绊，就要学会准确表达。比如，说到“大”的时候，由于人们对大的概念理解不同，到底有多大，要精确到多少毫米、多少克才行。在欧洲生活的这十七年，我得到的最大锻炼，就是这种技巧：不出错的沟通和“不被误解的表达方式”。

企划书和委托书

原：世界处在误解的链条中，所以传达设计才有存在的必要。我的大部分工作，就是在写企划书和委托书，另外还有一些感谢信和检讨书。（笑）我虽然也独自完成一些创作，但委托别人帮我做的情况也不少。所以，我不仅仅要跟客户解释，还要拜托很多合作伙伴。因此，对我来说，委托书很重要。正如您所说，如果不在委托书中详述所有事项，事情是无法运作的。要委托别人做什么，如何做，都要做详细说明。对第一次接触的人，自我介绍也要包括在内。还有，要讲清楚为什么我要委托您做这件事，这个项目的亮点在哪里，将来发展前景如何。另外，还要说明到何时要做些什么等一些具体要求，要参见的另一张表等等。我就是在做这样的东西。在做展览会的企划时，这也是创作的一部分。

阿部：如果沟通不到位的话，就会引起误解，该开始的时候不能开始。由于您的委托书每个细节都写得非常清楚，感觉就像是我在问您“原先生，是这个吗”，您回答“阿部小姐，是这个”一样。而且您在后期制作上也花了很多时间，真令人不禁慨叹，原来您连这些也都在进行设计啊。

原：但另一方面，我也会用一些语言外的技巧哦！（笑）就是对那些了解并善于和日本人打交道的人，不必说出最重要的事情。

阿部：对于日本人来说，那样做更好，是吗？

原：倒不是说更好，但我觉得作为制作广告时的技巧，重要的事不说出来也是沟通的一环。在同一个特定环境中生活的人，不用从头说起也能互相理解。这种情况很多，即使沟通对象是年轻人或者老人，也是如此。所以，有时一个眼神就够了，和客户眼神一对，就什么也不用说了。

阿部：就像在说“那这件事，就拜托了”。（笑）

原：对啊。（笑）于是我说：“放心吧，知道了。”我认为，可以让彼此自然而然地认为“啊，就是这样”，只说句“拜托了”就够了的这种沟通方式是存在的，广告就是这样的东西。无论是爱马仕（Hermès）、普拉达（Prada），还是著名日式糕点店虎屋，这些知名品牌的广告从来都不说多余的话。在搞促销活动的时候，例如卖电风扇时，必须向顾客非常耐心地解释为什么这台电风扇是最佳选择，否则他们就不会接受。然而，广告的目的就是为了省掉那些大道理，让顾客选择这款产品。那么如何进行最佳的眼神交流呢？这就需要具备迅速吸纳对方的语言、形象和感受的能力，也就是制作出这种具有吸收能力的“容器”。

阿部：对于您来说，广告也是“容器”。

原：但即使想要进行这种不用说出重要事情的沟通，在把想法变成现实的过程中，还是需要语言的。比如，要表达“从地平线起航”的概念，为此要去玻利维亚或者蒙古拍摄时，就必须跟客户详细地说明情况才行。

阿部：比如客户会说：“那去鸟取沙丘（位于日本鸟取县鸟取市，日本最大的沙丘）不行吗？”（笑）

原：再比如客户说：“合成的不行吗？”（笑）客户一般都会这么想吧。这就需要自己首先明白——为什么非要到世界的边缘去不可，然后竭尽全力地做出逻辑缜密的讲解。在实际进行沟通时，不会用到很拗口的语言。

阿部：看来，找出对双方均有利之处，并耐心地进行劝说，是在设计实现过程中不可避免的工作。因为即使已经开始的工作，也会在中途产生纠纷，这个时候就必须进行谈判、说服，直到最后达成一致。在您的工作中，广告占得多吗？

原：我和企业有很多交流，其中也会涉及一些广告。包装、展览会等等，其实都可以说是广告。只是我原本不是从广告这个领域做起的。由于我喜欢印刷工艺，我一直从事的是像图书装帧、展览会策划、信息编辑这样的设计工作。我的做法是从这些方面出发考虑广告创意。从广告进入广告行业的人，一开始进行的就是表现手法方面的训练，而我和广告界人士的不同可能就在于考虑创意时的出发点不同。因此，我会重视什么也不说，只说句“知道了”就可以的这种眼神交流法。现在，由于媒体在不断地发生变化，广告的方法必须随之拓展才能充分发挥作用。但构思仍然要凭直觉。正因如此，解释的过程就必须是有逻辑的。所以设计师的表述要有严谨的逻辑性。

阿部：那是因为您具有很强的表达能力才能做到吧。如果仔细观察一下那些一直在推动新事物发展的人，就会发现，他们成功的关键在于他们的表达能力，我一直是这么认为的。

最理想的设计

原：我经常向工作人员提问，就像是自己已经明白的事，再自问自答一遍一样。问工作人员“为什么”、“如何做”时，他们回答每一个问题的同时我也在进行思考。比如，在委托摄影师拍摄照片的时候，我会自问自答：为什么是黑白的呢？为什么是彩色的呢？为什么照片的尺寸是这个尺寸的呢？为什么要用那么大的胶卷呢？要用多大的焦距？清晰度如何？光来自什么方向？为什么用白色背景呢？为什么是木地板呢？另外，木地板是用有一百年历史的还是用新的呢？窗户透进来的阳光是强还是弱呢？抑或是在晚上呢？是日光灯还是一组灯光呢？抑或是柔和的光线呢？影子是模糊还是清晰呢？对比度是强还是弱呢？是整个脸都微笑还是只眯着眼笑呢……这些都需要有才能的摄影师瞬间作出判断、拍出照片。艺术指导的工作，就是要事先考虑到这些瞬间的不可逆转，并不断地咀嚼推敲。不光是照片，还要精心考虑在设计的过程中可能发生的所有情况。而设计也是对表现过程的精准考虑。比如，使用黑色的话，就要考虑为什么用黑色，如何运用黑色的黑度。如果是使用白纸的话，就要考虑到各种白纸的质感。

制作图书时，正文的纸要选择手感柔软、有一定厚度、黑色的铅字能像被浸湿后嵌在纸里面的那种白纸。为了使人产生“似乎什么要开始了”一样的期待感，扉页要用硬一些、华丽一些的纸。衬纸具有连接封面和正文的硬度，要有能衬托出漂亮的扉页的质感。封面的硬度也很重要，如果和衬纸使用一样的纸，可以显出连续性，所以可以用同一种纸而改变其厚度。护封也要用白色，但要贴上光亮的纸，既不容易弄脏又有硬度。如果像这样，每个细节都精心考虑和选择的话，即使是一本白色的书，也能有非常突出的个性。比如说护封，是用光亮的纸，还是用乳白色的、像鸡蛋清那样手感的纸？抑或是用日本纸，也就是扔起来能在空中飘浮三秒钟的那种薄薄的纸？哪怕是一本白色的书，在充分考虑其质感的过程中，也能形成独特的风格。但如果只是大致地想一想，感觉这样很漂亮就决定的话，是绝对做不出效果的。

阿部：嗯，那样的确是做不出来的。

原：在设置文字的时候也这样考虑：为什么用这个字体？为什么在这个位置上要用这种字号？一点点地仔细考虑。特殊的字体基本上是不用的。虽然只是在字距和行距、空白处进行调整，但还是有无数种选择。在进行这些工作的过程中，只是把普普通通的文字往上一摆，就成为这个人的设计了。这就是我的理想。看上去似乎什么都没做，但实际上进行了精心的布置。猫的毛也是这样，看起来是胡乱地生长着，但实际上，所有的毛都朝着一定的方向整齐地排列着。所以，摸上去才会感觉很舒服。（笑）死后制成标本的毛，朝向杂乱无章是不行的。由于猫的每根毛都按一定规律生长着，所以能够形成整齐的猫毛。树也是这样，每片树叶为了多接受到一寸阳光，都在竭尽全力地生长，于是变得繁茂，树才显得美丽。假树和它们的区别就在这里。设计也是同样的道理，我想做的就是像整齐的猫毛和繁茂的树叶那样的设计。

不要随便说“简单”

阿部：确实，普普通通也是我最终的理想。因为我觉得，人们之所以会认为普普通通，是因为人工制成的东西，都能够还原到自然的法则中去。这是非常了不起的工作。

原：对啊。所以我常说，没有经过深思熟虑就不要随便说什么“简单”（笑），因为“简单”也不是那么容易就可以做到的。我已经跟人说过很多次这句话了。

阿部：简单就是经过反复的删减，最后剩下的东西。

原：或者是补充补充，添加添加，结果，即使添加了这么多，还是感觉很单一的东西。

阿部：所以，真正的简单，就像物体本身能散发出灵气一样，具有非常大的力量。这就是简单的威力。比如，白色的餐具、没有装饰的家电，完全是不同层次的东西。可简单这个概念，是什么时候得到普及的呀？

原：近代以后，人们开始变得不再需要装饰了。绝对权力的支配减弱了，民主化得以实行，装饰的力量从权力中解放出来。随着近代社会的开始，现代主义兴起，人们意识到了简单的合理性。日本从室町时代（约为一三三八～一五七三年，名称来源于幕府设在京都的室町）后期开始，伴随着国情文化出现了“冷枯”之美（在全然的朴素中领略美），这和茶道的审美观一起形成了简单的风格。日本这种情况有其特殊性。

阿部：日语的“简单”和德语的“简单”，含义一致吗？

原：日语的“简单”和德语的“客观性（Sachlichkeit）”不同。

阿部：欧洲文化是不断扩充的文化。我越了解欧洲就越觉得，他们去掉装饰是多么不容易。像日本原来就有的最简单的白色和最单一的线条，和欧洲几乎抱着必死的决心才形成的现代主义风格完全相符，因此，日本在进入近代社会后很轻易地就适应了。然而，欧洲的现代主义，却经历了像割掉自己手脚那样充满血腥的革命。我觉得在那种地方形成的简单和日本人与生俱来的简单，具有本质性的差异。在日本，似乎身体如果弯曲的话是可以放进抽屉的，但是在欧洲，体格却是立体的、厚重的，似乎物体必须是三维立体的才结实。

原：欧洲人的珠宝设计，可以称得上是三维立体的最高境界吧。比如，就算是平面的设计，也闪耀着炫目光辉，上面严丝合缝地镶着立体的蓝宝石。即使是被形容成简单的东西，与日本的珠宝相比，那也充满了厚重感。

阿部：如此具有存在感的东西，我真是有点禁不住诱惑了。

原：日本人还是用珍珠比较好。

阿部：我连珍珠也抵挡不住。(笑)欧洲人不管是脸还是身体，都是很艳丽的。所以，要想保持平衡，就需要那样的存在感。虽然看起来很棒，但一般的日本人，包括我在内，身体扁平，头有点向前倾。穿和服时，会很漂亮；但戴上金项链的话，就像是戴了狗的项圈一样了。如果仔细观察的话，意大利人锁骨突出，肋骨是圆滑的曲线，即使不是很丰满的人，身体也有一定的厚度，珠宝就应该佩戴在那样的身体上！（笑）因为两者体格有如此大的不同，所以相应的设计类型也不同。

空白

阿部：欧洲和日本在简单方面的差异，是很有趣的话题。

原：当然，日本和欧洲在豪华程度、精细程度上有差异，在简单方面也是不同的。比如说“空隙”或是“空白”。年轻的学生回答不出问题时，马上就说：“老师，我脑子一片空白了！”老师会说：“笨蛋，你们真是反应迟钝呐！”（笑）日本的空白，是指想法被不断地调整、纠正，经过扬弃而产生的空间。在江户时代讲述绘画技法的书《本朝画法大全》（江户时代的画师土佐光起所著，对当时的绘画方法做了描述）中，有这样一句话：“白纸也是花纹的一种，能够填补心灵上的空白。”我觉得确实可以这么说。空白指的就是可以不断往里填充内容的东西。空白不是空荡荡的空间，虽然只有很少的内容，但也要和周围紧张的空间相抗衡，是具有存在感的地方。不是为了保持平衡或觉得好看才留出空隙的。

创意指的是细致地建构顺序或秩序，并不是说没有秩序，而是突然改变这种秩序。就像是用丝线硬把在空间中展开的蜘蛛网改变一样。或者是把带有肉眼看不到的超细网眼的四方形橡胶布满整个空间，有意识地用手指拉伸或改变某个部位的形状，形成“空隙”。日本的“空隙”，随着技艺的提高而不断特殊化，可以说基本上是在突然之间形成的，我觉得这种改变的方式很特别。吹尺八（日本的一种传统乐器，起源于中国唐朝，因其长度为一尺八寸而得名）时也是如此，在发出第一个声音“呜”之前一定会有一会儿停顿，目的是为了出人意料。这个声音，就是打断听众的思绪开始演奏的声音。我小的时候非常喜欢击剑。击剑也是一样的，不是以速度和力量击败对方，而是要打乱对方的思路猛击下去。击剑就是互相钻对方的空子，如果步调一致的话就是跳舞了。西欧的知识分子都很喜欢日本的“空隙”，因为这是他们的文化中所没有的。

阿部：因为他们感受不到“空隙”吧。在欧洲，如果往北方走的话还能感觉到类似于日本的“空隙”，但是在意大利周边，有多少人能真正理解“空隙”呢？他们看到一面墙壁，就如无耳芳一（出自日本怪谈，盲眼的法师芳一为了驱赶亡灵，全身上下都写满了经文，却忘了耳朵，结果最后失去了耳朵）那样，在墙上挂满东西，可以说有一点缝隙就要加点东西进去。从出生就在那种环境下生活，出现空白的话可能就会感到恐惧吧。而在日本，“无”也被认为是一种存在。

原：日本人认为，能够忍受什么都没有的状态很好。

阿部：由于现在人和东西都太多了，所以“无”反而有了价值。

原：总之，日本就好像是处在世界的边缘，受到全世界的影响。所有的东西都堆积起来，掺杂在一起，变得杂乱无章。日本既受到罗马的影响，也受到中国、印度的影响，还有大洋洲和波利尼西亚等文化的影响。伊势神宫（位于日本三重县伊势市，是日本最具代表性的神室之一，祭拜日本天皇的祖先天照大神）怎么看也像南方的建筑风格。日本有“祭年改造”这样的仪式，建筑样式二十年改造一次。伊势神宫就是在这种反复的改造中，最终变成了日本人理想的形式。虽说原型是南方的，但是看到伊势神宫时，我们还是觉得那是纯日本风格。

哲学中有扬弃这个专业术语。我觉得，日本正是由于受到了四面八方、纷繁复杂的影响，才会有把那些东西全部进行扬弃，使它们变得简单的想法吧。即使是在亚洲，把“空白”、“空隙”、“什么都没有”这些东西堂而皇之地融入造型当中去的国家，也没有第二个了。中国也没有，阿拉伯国家也没有，虽然印度尼西亚跟欧洲有所不同，但它是用相当稠密的花纹布满整个空间的文化，根本没有空白。

阿部：而提到“无”这个话题，谁都会想到日本的茶室。

原：室町时代快结束时，一时间出现了这样一种沟通方式，就是很好地利用简单的空的东西，在什么都没有的状态下互相交换思想创意。对于茶道来说，喝茶其实只是借口，感受美的过程才是扎根其中的东西。茶道的简单是日本独有的。可以说这个时代出现了一个让日本脱离别国影响，专注于日本独特文化的契机。

虽然这么说，但平安时代（日本古代最后一个朝代，七九四～一一八五）用假名写成的书中，就出现了非常利落的“空隙”。也就是说，在平安时代也能找到简单的根源。再往前追溯的话，就是绳文时代（日本石器时代后期，约为一万年以前到公元前一世纪前后）的火焰形陶器，可那其实不是简单。在日本文化中，绚烂细密的东西也很丰富。想来是因为要与外来的汉字和舶来品的风格形成感觉上的对立，才出现了简单吧。

阿部：但是，现在的日本并不是那么简单的国家。杂志和广告的感觉可能比较简单，但是看看一般家庭与其生活方式、公司状况还有城市本身，并不是这样吧。

原：日本的情况确实很复杂。日本在简单的背后一直都存在着混沌。个性耿直的日本人，总是想要接受世界上各种不同的文化。这种想法肯定不是简单。如果不能干脆利落地从中摆脱出来的话，是不能变得简单的。

阿部：另外，像规定“您要这样生存下去，您要这样生活”这种宗教、伦理上的制约，与顽固的父权一起消失了。虽然杂志、电视等等也在要求人们遵守规范，但大家还是在丰富的商品中，吃自己爱吃的，选自己喜欢的，过自己愿意过的生活。因此，在没有找到自己这一生要走的那条路之前，必须经过混沌至极的状态。现代的日本所谋求的简单，可能就是在梦中描绘出的那种与现实的混沌相悖的世界吧。

日本的富有

阿部：我说日本没有资源，指的是石油。人们从国外回到日本后，就会发现再没有像日本这样富有的国家了。有河流、有绿树，还有四季的变化。日本的富有在于充满变化。不是一样东西拥有很多的那种富有，而是很多东西每一样都拥有一些。就像便当一样，有山珍有海味，很多好吃的东西每样都有一点，这样也会感觉到富有。我觉得没有比这更奢侈的事了。在欧洲，有干旱的国家、土地不肥沃的国家、没有山的国家，也有没有水的国家。到了某种农作物盛产的时节，收成堆积成山的时候，人们会感到富有。这是他们普遍的感受。

比如，有一次，到了吃牡蛎的季节，我被邀请到了巴黎。在银色碟子的三层冰上面，放着牡蛎、贻贝和小虾等食物，挤上柠檬汁就可以吃。我以为那肯定是凉菜，应该还有更好的在后面，所以特别期待。但是，就只有这些了。(笑）还以为之后会上一些热的食物，但是，在吃了好多冰冷的贝，都凉到心里的时候，有人开始说，接下来是甜点——柠檬冰激凌。(笑）第一次吃正宗的瑞士干酪时也是，切成色子大小的面包堆得像山一样高，从开始到结束就只是用这些面包蘸着奶油吃。即使是这样，大家好像都很满足的样子，说："啊，今天晚上我饱餐了干酪。"好像只有我一个人不满足，还在想着有没有蔬菜、肉和水果什么的。(笑）这下我才知道，自己是渴望每样东西都能拥有一点，认为那才是富有的日本人。

语言的感受性

阿部：顺便说一下，原先生您好像注意力特别集中。我这么说话的时候，感觉您就像是已经进入到自己的世界里似的。

原：好像是这样的。但是最近我注意到一个现象：我在长时间持续思考一件事时，时常会有恍然大悟的感觉。有一种现象叫做“过冷却”——液态水的温度下降到零度以下，仍然不结冰，能一直保持零下几度的状态而不凝固，但一受到声音或外力的冲击时，水会突然之间凝结为冰。我想，这个现象和我前面提到的“恍然大悟”存在一定的相通之处。从小我就讨厌上历史课，像什么西方的历史、日本的历史、茶道的源流以及设计的历史等等，我都不是很感兴趣，但最近我开始慢慢地转变对历史的态度了。读读历史书，听听历史故事，在追溯历史的过程中，有时会感觉到，历史情节和过冷却现象的原理好像是一样的。这样就再也忘不了，“理解”在脑海中就一次成形了。

阿部：还没有成形的小问号，积累到一定程度，在某个时间就会突然有了答案。

原：是啊是啊。不是慢慢地明白，而是突然就明白了。

阿部：语言也是这样的。学习一门新语言时，各种单词积累到一定程度，就像爬楼梯一样循序渐进，有一天会突然发现能够听懂别人的话，能够读懂文章，能够使用新的语言跟人进行交谈了。

原：您大概花了多长时间就学会说新的语言了？

阿部：我学意大利语时是真正从零开始的，大概过了一年时间再听他们说话时，就能抓住他们说话的节奏了，即使不能听懂每个单词的意思，只要不是特别难理解的话，差不多都能听懂大意了。日常生活中只要能够模仿听到的单词，怎么也能对付得过去，所以感觉第一年就是靠几个单词挺过来的。一年之后，发现自己好像能把记住的单词和表达方式像拼图一样连接起来了，就像个小孩儿，有一天突然就能够讲出话来一样。然后就发现，自己有一整天都是在讲意大利语。学语言的目的就是能够讲出来，但因口语有很多种表达方式，所以一年过去了，我还是说不好，经常不知该如何表达。终于有一天，自己都无法忍受了，不管对错，把自己想说的一股脑全说出来。（笑）大概是从第三年开始吧，感觉意大利语好像已经变成了自己的东西，能够进行真正的谈判或劝导别人了。我就是用这种很粗鲁的方式学习意大利语的，真是有些不好意思，但当时确实就是这样。

原：看来，您经常用语言整理思绪啊！和您交谈了一个小时，我发现您语言的表现力很丰富，日语说得也很好。我就在想，难道用语言整理过的大脑，比较容易获得各种各样的信息吗？

在一家公司我听到过这么一件事。因为公司里的工人工作效率特别低，于是公司就试着对他们进行了一次国语测试，结果意外地发现他们的词汇量很少，国语成绩也很低。他们用“厌”来代替“讨厌死了”，用“烦”来代替“你们烦死了”，用“饭走”来代替“一块去吃饭吧”，用“真？”来代替“这是真的吗”，发短信的时候也尽量缩短句子的长度，用最少的词汇来进行交流。公司觉得这样下去不行，于是就开始在公司里开设国语课，提高工人们的国语水平。当工人开始感觉到国语有意思的时候，他们的工作效率也得到了显著提高。

阿部：书读得多了，就会接触到很多不同的表达方式。人们说不定就是在这个过程中培养了沟通能力。

原：与其说是沟通能力，倒不如说是感受性本身得到了提升，也就是说对事物的感受范围得到了扩大。最近，我读了藤原正彦（一九四三年出生，毕业于东京大学理学院数学系及理学院研究所，一九七三年取得理学博士学位）写的《祖国与国语》。这本书很有意思。读完这本书，我才切身体会到国语的重要性。书中这样写道：可以缩减小学课程中的数学课，增加小学的国语课程。因为这是身为数学家的我说的，所以肯定没错。（笑）在丰富的自然环境中成长起来，如果对事物的感受能力强的话，语言也会相应的变得丰富。对于模糊细微的东西的感受，语言能够为它描绘一个清晰的轮廓。如果描绘不出这种轮廓，就只能模糊下去了。

阿部：总觉得又像这个又像那个的。

原：是这样的。我觉得语言能力指的就是重复或是记忆之前的感受性。一提到国语，人们就把它归为文科。这是完全错误的。用语言发现、探寻谁都感知不到的世界的能力，既不属于文科也不属于理科。理科和文科这种分类，在很久以前把世界划分成了两部分，但现在我们最好还是不要这么区分。不管在什么领域，独创性的构思都扎根于独创性的语言当中。总之，我们会慢慢意识到语言可以使头脑和感觉变得活跃起来。

对内的语言和对外的语言

阿部：意大利人真是很擅长交际啊！这可能是一种本能或者说才能。当复杂微妙的问题需要讨论时，大多数日本人就会渐渐地说跑题，脱离问题的本质，使问题越来越复杂。而意大利人则会围绕着问题的焦点讨论，即使都快变成吵架了，仍然会毫无保留地把想说的话全都讲出来。在问题即将变得复杂化的时候，他们会开开玩笑，问您要不要来点咖啡什么的，以此来缓解紧张的气氛。而且，意大利人一般不会咄咄逼人，他们不会把过错归咎于别人，但也绝对不会承认是自己的责任。（笑）一般最后会归罪于机器的故障，把责任推卸到机器的头上。撇开这些不说，单从集中精力提出解决办法这一点来看，意大利人做得很出色，我从中学到了很多东西。

原：的确如此。日本人怎么都学不会进行愉快的谈判。可能日本人不会把语言当做论理的工具来使用吧。日本人使用语言的方法，有点类似于方言。语言分为方言和标准语。方言更像一种重复的符号，很多情况下都使用老一套的模式，很少重新排列组合形成新的语言。感情和对话似乎已经被某些词汇固定住、控制住了似的。在日常生活中使用这种表达方式很方便，因为这种语言本身就包含了为对方着想的感情和智慧。但如果谈到一个抽象的话题时，语言得有力量来耕耘未开化的土地，在这种情况下，没有一定的语言训练是无法做到的。也就是说，用语言把握未知的感觉时，标准语要比方言更合适。要进行国际性交流，首先就要使母语从方言的局限中脱离出来，将标准语当做论理工具，这是很有必要的。

阿部：在日本方言的世界中，没有人不知道“街角卖烟的大叔”，所以没有必要一一去解释在哪个街角，是哪个大叔。而在国际语言中，只有向对方解释明白了新的事物或对方不知道的事情之后才能有效沟通。因此，有时非英语国家的人讲英语，要比英国人或美国人讲的英语容易理解。可是日本的国语教育没有培养学生向人解释说明的技能。可能我们生活在一个不用解释大家也能明白的社会中，这方面的能力一直没有被重视吧。

原：说到国语，感觉就好像是学习方言似的——用最熟悉的语言积累感受方式，进行思考训练。

阿部：我小的时候，在家附近的英语口语培训学校学过英语。那时我的恩师克里夫·卡奥利（Clive Cowley）就经常对我们说：“不要看到不会的单词就查字典，要培养语感。”老师一个人从英国来到日本，自学日语，肯定对此有着切身体会，所以才给了我们这样的建议。他教给我很多重要的东西，可以说如果没有卡奥利老师，也就没有今天的我。当你能够用语感来理解语言的含义时，就证明这种语言已经真正变成你的语言了。培养语感完全像在做游戏似的，很有趣呢。

原：阿部小姐说这是游戏，让我来说的话，那就成了语言表现论。（笑）

用外语进行交流时，最重要的是不要害怕外国人。要适应和不同文化圈的人相处，如果不能保持一颗平常心的话，事情是不能顺利进行的。我在说英语的时候，声音就要比平时大一点。为什么会这样呢？可能是从一开始我

的声音就不自觉地提高了几个分贝吧。（笑）

阿部：原先生的低音也很有说服力呀！让人感觉您全身心都投入进去了。

原：声音这种东西不仅指听觉上的东西，它还包括“HAPTIC”。我认为，一般来说，人的性格是通过外表判断出来的。但实际上，人的声音在一定程度上也构成了人的性格。难道就不能因为意外地喜欢上一个人的声音，而对这个人产生好感吗？大家平时都没有注意到这个问题吧。像安全感、温暖感，听起来充满暖意的声音，或是在恰当的时机回应的笑声……我认为，比起音色来，交流时反应的好坏、营造的气氛才是判断人最重要的标准。

阿部：语言的节奏和语气真是很重要！但是，连续说四个小时以上的英语，面部肌肉会变得很僵硬。说意大利语和日语时使用的肌肉是一样的，所以根本不会出现这种情况。一位去英国教日语的老师跟我说他说英语的时候，假牙都掉了……说不同的语言用的肌肉真是不同啊！

原：太有意思了，他是不是在发“R”的音时掉的呀？（笑）

阿部：我在意大利的第一年，日本的朋友来找我玩。因为很长时间没见了，所以玩得很高兴，笑得都要躺到地上去了。但是想想在外国的这一年，我发现我从来没有笑得这么开心过。大概是从第七年开始，意大利语也能使我笑得很开心了，都快要笑死了这样的例子也在不断增加。有时候笑得都呼吸困难了，之后我会暗自得意地想：“啊，我的外语水平也不错了嘛！”

原：因为这样的笑是一种有深度的交流啊！

阿部：微微一笑暂且不谈，笑到呼吸困难确实是不容易啊！但是能让我笑成那样，对方的交流能力也很强啊！两个人的交流能力如果相当，就会笑到爆吧。

视觉导航

原：现在我对“视觉导航” 或“视觉互动”领域比较感兴趣，正尝试着对它进行研究。简单地说就是我对使用说明书很有兴趣。

阿部：啊！一定要好好研究研究啊！

原：我小的时候喜欢玩塑料模型拼图的游戏，按照说明书把一个零件往另一个里面插，却经常会出现怎么也插不进去这种情况。（笑）为什么插不进去呢？原来说明书上的图是错误的。我当时真的很生气，就想：要是让我来画，肯定比他画得更明白。现在，随着家电智能化，接线和线路的构造都变得更复杂了。因此，今后的使用说明书必须更加简单易懂才行。我把这个愿望跟工厂的人说了，结果工厂的人回答：“原先生，没有说明书才是最理想的呢！”他们说工程师的理想是没有说明书。理论上我可以理解，但在现实生活中，说明书还是很有必要的。我想把电视机、音响、录音机等电器的软线都放到壁橱里，可家里墙壁上却只有一个直径为十厘米的小口，挤得满满的才勉勉强强放了进去。现代生活中，直径为十厘米的小口，根本不能把我们家电上所有的软线都放进去。要把线路铺设得美观一点，对于外行来说很困难。我们需要请家电工厂的配线员或经营家电商店的人来帮我们铺设。但在具体克服配线的繁琐之前，整理清楚机器之间的关联性是很有必要的。如果这个能用“视觉导航”，就会很容易了。它不仅适用于家电系统，还可以用于网络组织、电影内容的宣传系统……

快乐的使用说明书

原：我想，要是有个平面设计的高手，能够把这种事情解释得格外清晰，这个设计师不是到处都有人请了吗？当然不限于抽象事物和其关联性，如果能够用精彩的动画片解释具体的操作方法，这个设计师就想得太周到了。比如用线条画做出右手、左手的标志。把右手称为“小R”，把左手称为“小L”。采用这种充满趣味的方式应该可以解决问题了吧！手机的操作、键盘的理想敲击方式、洋葱切成碎末的方法……就像小R和小L跟我们说“好了，我们出发吧”，然后为我们示范一样。如果世界能够变成这个样子，人们就会减少很多烦恼。打开牛奶盒子，对于第一次接触的人来说是很困难的。有个研究生用视觉导航的方式，解释了茶道中绢帛的处理方法、道具的用法、饺子的做法。但还是用线条画，更容易理解一些。

最近，我很喜欢《死亡目录》这本书，它的作者是寄藤文平（一九七三年出生，日本著名平面设计师，擅长插画与平面设计）。这本书就像是介绍对“死亡”的理解。死亡是现实的问题，但如何把握死亡属于思想的问题。“死”是一种观念上的东西。所以，由于文化不同，各国人对死亡的理解也大相径庭。用很容易理解的图解方式，来表现各种死，确实直指问题的关键，让人忍不住都要笑出来了。例如佛教讲究轮回，所以就用圆圈来比喻死亡；而喜欢旅行的吉普赛人的死亡，就像是从排成一列纵队的行进队伍中脱离出来，基督教里对死亡的看法也是这样的。把各种不同文化中对死亡的理解，都用形象化的方式表达出来。这本书描绘的东西，浅显易懂得令人吃惊。

阿部：这个人平时是做什么工作的呀？

原：平面设计师。我想，如果把易懂的图画和动画进行组合，为难懂的事物制作出导航系统，那么世界就会变成令大家都拍手叫好的、可以清楚地进行沟通的世界了。比如开车的时候，因为日本车的设计很人性化，开车门时钥匙孔会自动亮起来；把钥匙插入启动装置插口时，光线又会照向变速装置。（笑）从这个意义上来说，世界正在逐渐转变成没有说明书的世界。说到汽车，计速器的标志等也有很多改善的可能性，使用OEL（Organic Electro Luminescence，简称为OEL。有机电激发光显示技术）技术的话，就能够表现出仿佛飘浮在空中的文字和刻度，目光的焦距也能够得到控制。开车时，如果同时盯着前面的车和仪表板上的计速器，焦距会相差很大。如果前方一米处有个大计速器的话，既容易识别，眼睛又不会累。如果让用户自己来选择，事情是不会有什么进展的。所以，宣传教育也是很有必要的。

阿部：即使不用改变目光的焦点也可以做到？

原：是的。要是能开个计速器展览会，试着挖掘这个领域的可能性，不也很有趣吗？

阿部：看起来，能够用设计解决的问题还有很多呢！

原：刚才提到的寄藤文平，他的平面设计很有条理、很清楚。但因其有趣得有些离谱，所以一些顽固守旧、讲究办事程序的人，常常对其敬而远之。因此我认为，采取展览会的形式，尝试着使这种方式能够占据主导位置，是个不错的主意。

一些设计师用视觉导航的方法来表现“攥寿司”的过程。原材料中的生鱼是从海上打捞上来的，把鱼切成片，寿司里的生鱼片就有了。如果用的是金枪鱼片，就要用船从海上捕获后再运到日本，之后在市场上销售，剁成块后在案板上再用菜刀切。另一种材料米饭，首先是从插秧开始种水稻，再用收获的大米煮成米饭。一把大约抓三百个米粒，放入山葵菜，使劲捏一下就做成了饭团。用手指这么抓住一个寿司，蘸着酱油吃就行了。大约有十个人，从食品原材料的来路到攥寿司的具体细节，全部都进行了创作。恐怕从这里就可以清楚地体现出视觉导航的创造性了。这种方法能够把事物的由来解释得如此清楚。“攥寿司”也好，“把蛋黄酱制成沙拉”也好，更复杂的东西也好，如果这些表达方式能够普及的话，视觉导航的水平也会发生变化吧。

阿部：刚才说到说明书，让我想到宜家（IKEA）的说明书。宜家有自己的一套经营方式，组装图做得非常好。那里的家具基本上都是由顾客自己从仓库取出来，自己运到家，自己进行组装，所以包装里肯定会有组装图。由于同一种商品在很多国家销售，所以说明书里没有文字，只有图画。一般欧洲国家的产品，说明书会用五种语言书写。最近我买的电风扇附带的说明书竟然有十三种语言。（笑）因此我觉得，真应该向宜家好好学习啊！而且，宜家甚至还用图画描绘了一个指示："如果有什么不明白的地方，可以给宜家打电话咨询。"（笑）那个图画特别简单易懂。比如，为了说明螺丝的形状，他们有意识地转换着角度画，决不设计不好辨认的形状。地板砖的铺法等全部都是用图画来说明，这些从他们的网页上也可以看到。真是花费了很多心思啊！

原：您能把那个网址告诉我么？把它给学生作为一个课题来做也不错啊！

阿部：不愧是把世界市场作为销售对象，一言不发就能把商品卖出去的宜家。一想到这些，我就觉得，具备这种交流技巧对设计师而言是多么重要啊！

提出有价值的问题

阿部：对于立志从事设计的人，您有什么想对他们说的吗？

原：我想，一旦从事了设计工作，就会想知道各种各样的事情，同时产生一种欲望：想让世界上所有的物质都参与到设计中来。（笑）但是，一个人不可能接触到所有的事物，至少要保证自己的兴趣永远是独一无二的。设计的创造性是和“问题”联系在一起的。好的问题对应好的答案，这是理所当然的，所以，我绞尽脑汁寻找的是能够用设计解决的独特的“问题”。重要的是如何发现好的问题。我想，如果能把一个很有价值的问题留给世人再离开人世，该有多好啊！

可能好奇心就是一种发现独创性问题的热情，也就是探寻谁都没有思考过的问题。数学家也是这样。有些伟大的数学家提出的问题，在他死后很多年仍然没有得到解决，并且作为一个谜长久存在，使一代代后人努力地考虑解决办法。我常想设计者要是也能这样探寻问题的话就好了。前面的“EX-FORMATION”、“HAPTIC”和我现在思考的“SENSWARE”，归根到底都是在寻找问题。这样去思考、探索问题，设计领域就会变得宽泛，当然设计也会变得很难。但如果真能这样的话，设计就进步了。

让学生尽早知道这些，是很有必要的，不能让学生被动接受教育。我讨厌学生坐在课桌前等着老师，就像等着服务员端上饭菜似的。所谓读大学，就是自己决定自己的兴趣。老师这一角色是给学生进行积极指导的教练。一边和老师谈话，一边找出问题并自己解决，大学应该是这样的场所。当学生能够独立解决问题时，他们就具备了处理社会中现实问题的能力。我认为，自己发现问题并找出解决方法的能力，应该在大学期间培养出来。即使没有从老师那里学到技术也没关系。比如，不懂如何使用电脑软件不要紧，重要的是能够判断出使用这个软件有没有必要。如果有必要，你就去学会熟练运用。因为我们不能学会所有的东西，所以在大学期间，你必须考虑自己应该学什么。

阿部：不管多小的问题，都要通过自己的努力去解决。只要体验过一次这样愉快的感觉，以后的道路自然就会越走越宽。还没来得及体会这种心情就直接变成大人了，这样的学生恐怕有很多吧？尤其是现在，寻找问题之前就听到别人说“请看这个问题，请看这个问题”，问题和问题答案早都被准备好了，自己没有机会去发现问题，因此也就没有了自信。所以，老师要在一旁看着，但不要伸出手，要给学生摔倒以后自己再爬起来的机会，给学生思考自己下一步要做些什么的机会。在现在这样的时代，给学生提供这样的机会是很重要的。

原：但实际上老师还是常常马上就伸出手来了。也许在大学里我还是比较有耐性的，但对方要是工作人员我就马上忍不住了（笑），直接就把正确答案摆在对方面前。要是能再隐忍一下，一直等到对方自己发现错误就好了。

阿部：这也不能怪您，要在实际工作中实践起来，确实挺难的。

“体力充沛吗？”

阿部：有时是在工作中，才体会到这种工作是在寻找问题，但在实际工作之前，还是尽量试着做做，了解一下比较好。在您事务所的工作人员中，有多少人是有经验的呢？

原：经验不足的人还是占大多数。

阿部：原设计研究所是怎样录用职员的呢？

原：没有什么特别之处。首先看简历筛选，再看他们的作品，之后有针对性地组织几次面试。

阿部：面试的时候，经常会问什么问题呢？

原：一般都问"您的体力充沛吗"、"我们工作是很繁重的，您精力充沛吗"等问题。大家都会回答："绝对没问题。"但之后，有人会说："没想到工作这么累 。"（笑）如果是女性的话，就会问："您打算一直工作下去吗？"她们经常有很多事，比如结婚、生孩子、丈夫工作调到纽约等等。本来要和她一块做个项目，结果她突然跟我说，丈夫要去纽约工作了，她要陪着一块儿去。这时，我们就会觉得有点失望。当然，公司也必须为女性创造出她们一直能够工作下去的制度和环境。

阿部：不管工作多么重要，也不能牺牲家庭。尽早制定出好的制度，真是很有必要啊！

原：我认为这也是公司所面临的一个课题！现在不知道为什么，女性都很优秀，按考试成绩高低来录取人才时，女职员的数量在急剧增加。我们部门几乎全都是女的呢！（笑）虽然有几个男的，但已经快接近美术大学的男女生比例了，女职员占到七八成。比起男职员来，女职员比较有干劲。我们在进行面试时，发现有几个特别有才干的女性，我们当时甚至想，如果她们能来我们公司，那就太感谢了。而好多男的则像不知从哪条河里漂过来似的，简直就像士左卫门（日本江户时期的相扑力士成濑川士左卫门因身体肥大，被用来形容溺水身亡的人），跟个淹死鬼似的（笑），半死不活的，感觉都有必要去给他们做做人工呼吸了。让人有这种感觉的人很多。（笑）

阿部：现在大家都这么说。

原：公司整体来说还是男职员多一点，但我们部门女职员占绝大多数，所以经常会产生误会，不过现在基本上不会了。有一段时间全部都是女职员呢！有时感觉我就像是芭蕾舞队的教练。可当六个人全部都是女性的时候，团队合作得最好。有一个人的工作似乎就是专门被我批评，我经常无缘无故地批评她。（笑）这样，大家都有干劲。经常受我批评的那个人其实是最优秀的，所以我才总是批评她。有时候她还被我批评哭了呢。但她很有韧性，渐渐被我锻炼得水平高得都可以去参加奥运会了。（笑）然而，如果有一个男职员加入进来的话，就会破坏这种团队的合作。（笑）您想想，在全是女职员的队伍中，补充进来一个男职员，原来的那种配合肯定会被打乱了。比如，女职员说“出发”、“加油”、“太棒了”时，她们进行眼神交流时，男职员如果无法跟她们默契沟通，就会产生“我在女职员队伍里，难道就是一个捡球的”这种感觉。如此一来，气氛就会有些不对劲。当然，这是一种比喻。实际工作中和运动会上的那种感觉还是不一样的。不管怎么说，女职员还是比较有干劲的。

第三章 | 设计的潮流

技术驱动及其立场

原：我认为现在的世界仍然是技术驱动的世界，也就是说这三十年来，是技术推动了世界的发展。在欧洲，只有荷兰紧跟上了时代的潮流。荷兰建筑业的标志性代表人物——建筑师雷姆·库哈斯（Rem Koolhaas，一九四四年出生，荷兰著名建筑设计师），作为真正意义上的“速度、密度和激进主义”的天才，在推进世界建筑的发展方面发挥了重要作用。

阿部：真不愧是荷兰人民的后裔啊——虽然国土面积只有九州那么大，却创造了世界第一的海上帝国。可能荷兰是世界上最积极也最擅长在海外发展的国家吧？

原：荷兰人自己创建了他们的国土。“世界是神造的，荷兰却是荷兰人建的。”(笑)荷兰人不光填海造地，连运河什么的都是计划性地测量后再有规则地建造的。他们自己植树造林，利用风能。据说连一度成为一股热潮的郁金香，也是通过品种改良创造的。他们还自己酿造啤酒。似乎荷兰人创造出了所有的东西。

2000年，在德国汉诺威举办的世界博览会，我碰巧有个机会参加。当时全世界都在提倡搞生态学研究，但只有荷兰与众不同——荷兰在世博会上展出了别名为“大汉堡”的多层构造的展览会馆。此会馆是由雷姆·库哈斯和从他的事务所中独立出来的MVRDV事务所设计的。会馆房顶上铺满了泥土，有水池，草木繁盛，还有两三台利用风能发电的风车在不停地旋转，好像在向人们传达一个信息：土地、池塘和能源都是被创造出来的。下面一层有很多树木，森林般郁郁葱葱。但其中的树是被砍下后，再像插花一样插进去的。顶棚上密密麻麻地挂着许多荧光灯，照射着这片森林，这片森林就像是依靠人工光源存活下来似的。这也是在传达人类创造了森林的信息吧。再下面的一层是盛开着黄花的花田。小型监视器在花丛中若隐若现，监视器里是蜜蜂嗡嗡地飞过的画面。我当时在想，这恐怕也是在告诉人们：蜜蜂也是我们自己创造的呢！一楼提供喜力啤酒。唯有荷兰这一个国家能够通过这种方式明确地向我们传达自己能够驾驭自然这一信息。他们的毅力确实让我们为之钦佩，甚至令我们为之震惊。

阿部：这就是填海造地、修堤坝、整治国土的人的自然观啊！

原：所谓荷兰的设计历史，一言以概之就是激进主义。在欧洲的现代主义运动中，二十世纪初在荷兰开始的名为“风格派”（一九一七～一九二八年间的荷兰现代艺术运动）的造型运动，是最彻底地追求原则主义的运动。它一直

MVRDV 设计的EXPO2000 荷兰馆

延续到现代，成为荷兰现代主义的传统。它的特点是过激、冒进、详述原则的意识强烈。它的传统是充满合理性的感性，了解这一点，就容易理解雷姆·库哈斯的建筑风格了。比如说他把地板直接变成墙壁、天花板。他认为剧场坐椅的颜色等无需用一种颜色进行统一，可以使用丰富随意的颜色。他还坚定地认为，柱子不一定都是垂直的，倾斜的柱子也可以用来支撑建筑。据说雷姆·库哈斯设计某美术馆时，是用圆形图表来表示展示室、收藏库和办公室等空间分布，然后原封不动地把圆形图表拿来作为平面图开始进行修建。总之他的构思是非常激进的。我在阿姆斯特丹还看到一家敬老院，它的建筑风格很独特——房间突然从水平方向凸出来。这就是当年负责汉诺威世博会荷兰馆设计的MVRDV事务所的杰作。

阿部：在我看来，对于荷兰人来说，如何驾驭人工创造的土地是一种生态学。这种生态学显然和日本这样最初就有土地、山和河谷，即使不浇水也能生长植物的国家的生态学截然不同。从某种意义上说，荷兰是最终极的现代国家。它的国民心态有很独特的一面，人们的自然观、审美观也很独特。国民性的形成跟自然密切相关，这种国民性又成为当地居民的特点。

原：正因为是那样的一个国家，所以能够适应当今的技术驱动潮流。在填海后形成的陆地上建立国家这一构想，与毫不怀疑科技的立场是完全吻合的。因此，荷兰能够设计、修建出富有气势的建筑物。从日本的角度来看，德国、意大利已经逐渐走向成熟稳定，而荷兰还处于激烈的变化中。

阿部：但是日本了解到的所谓荷兰的设计活动，可以说是经过人为加工过的信息。荷兰把这个手段作为国策向全世界推行，在各个国家的一流美术馆举办展览会，采取极具战略性的推广方式，向世界广泛宣传“荷兰的设计很有趣”。但如果深入了解，就会发现荷兰的“只要能具备较高的价值，提高国家的印象就可以”的这种理念很合理、很现实。他们也会把每个设计师虚浮琐碎的设计，以及与国家塑造的形象不符的部分一刀切掉，重新进行整理。Droog Design（荷兰著名设计品牌，一九九三年由Renny Ramakers与Gijs Bakker共同创立）中的“Droog”，在荷兰语中是“干燥”的意思，我认为这个名字起得很好。不管怎么说，应该肯定的是：荷兰很善于对外宣传，平面设计等技巧也在不断提高。

原：因此，荷兰的设计就成了时代的宠儿！以日本的眼光来看，荷兰特色的东西是很有魅力的，而且那种“利落的超脱”引导了国际设计界的潮流。但我想提醒大家的是：拼命努力学习并理解这种设计固然值得赞赏，但认为这就是流行而盲目追风的话，是没有任何意义的。

日本是如何宣传的

阿部：那么，日本是否也在发生着巨大的变化呢？

原：日本人很勤奋，所以当我们发现具有荷兰特征的构思很有趣时，我们就开始热衷于研究他们的这种构思。在这里我想提出两个词，一个是“HAPTIC”

(感觉的觉醒)，另一个是“SENSEWARE”（感性体)。日本人的感受性是非常纤细的，但是我们不应该把这种纤细暗暗地保留在自己文化的脉络中，而是要把这种安静细腻的力量推向世界文化的舞台。这就是我提及上面两个词的目的。细腻不是柔弱而是坚强。在科技驱动的背景下，我试着把与荷兰特色不同的感受性和审美观准确地表现出来。可以说，设计师就是一个说服别人的职业。我想用某种具备日本特色的细腻去说服世界。对此您是怎么认为的呢?

阿部：确实是这样的。对于现在的日本来说，不只是吸收、宣传才是最重要的。昭和五年(一九三〇年)，柳宗悦（一八八九年出生，日本著名民艺理论家、美术家）先生在哈佛大学作了一场题为《日本美的标准》的讲演。他痛感日本应该为世界文化作出自己的贡献，并把这一感受写了下来。将近八十年过去了，如果现在作为孙辈、重孙辈的我们，还总是手持礼物到处求师问教，然后把手中的礼物毕恭毕敬地献给别人的话，应该感到很惭愧。

二〇〇一年，我第一次受法国设计学校的邀请参加研讨会时，首先想到了夏洛特·佩利安（Charlotte Perriand，一九三〇年出生，法国著名建筑师、家具设计师)。我想到了佩利安来到日本，为了帮助一些以提高日本设计和建筑的现代化水平为目标的年轻人，在研讨会上努力工作的样子。一想到佩利安为了日本的年轻人，眼睛熬得通红也不睡觉的时候，我就想我也要为佩利安国家的年轻人做点事。虽然我无法做到佩利安那样优秀，但是作为一个日本人，我要尽自己的力量去回报他们。

原：日本人要尽自己所能为世界作出贡献啊!

阿部：是啊，至少在工作的时候应该放眼全球，我们应该站在这个角度上考虑问题，想想我能为世界做些什么。您一直都在考虑把HAPTIC展览会推向国际吧。在出版书籍的时候，您说服出版社，添加了英文内容。看到您所具有的向世界宣传的意识和这么坚持不懈的努力，我感到很高兴。我想整个世界都在期待着这种意识。希望您能够把HAPTIC展推向世界各地。要是能成功的话，每次巡回展览时，最好在原有的基础上不断扩大规模。

原：书籍就如低声细语，声音虽小，却能传达给整个世界。当今世界，电子媒体在不断发展，世界也在侧耳倾听。所以不论是大声宣扬还是低声细语，只要有价值，同样可以传达出去。总之，我们要向一个方向努力，那就是：先确认能否被世界接受，然后再传达出去。即使研究课题的内容是关系到日本社会内部的某些东西，也应该把它当做对世界的现实问题，或对世界的文化生活有一定影响力的课题来研究。

阿部：用对方能够理解的语言，坚持不懈地努力，竭尽全力地宣传，这样做肯定会有作用和影响力的。原先生，请问是什么契机促使您朝着这种宣传方式努力的呢？

原：到目前为止，我都是在日本国内向外发布信息的。二十世纪三十年代中期以前，日本国内一些彼此没有见过面的人，拼命地向有可能和他们一起愉快合作的人发出信息。“RE-DESIGN”展览会在海外巡回展出时，我开始进行认真思考。我真正明白了——也许，对于一直都以日本为根据地进行设计的我来说，信息传送地应该是整个世界。

我加入无印良品设计项目的契机之一是我的兴趣。我尝试着让日本细腻的审美观与世界的生活文化并存。我总是说“好想建无印宾馆啊”、“我想在柏林或者纽约建宾馆”、“不要建那种低级便宜的宾馆，要建相当于五星级的宾馆，那不是很好吗”之类的话。(笑) 想使日本旅馆最高级的部分与西洋宾馆的考究达到完美的融合，整洁紧密地布置空间，优雅地插花，还有一位精明强干的女主人似的经理，营造出一种优雅的简单，让入住的人不由地安静下来。让人一提到“无印”，脑海中就会浮现出舒适的宾馆形象，心情瞬间变得很舒畅。

阿部：也让我们体验到了生活……

原：是啊，这是真正能够在感觉深处不断回荡的细腻感，也可能是插在花瓶里花儿的美，或是床单的整洁，抑或是脱掉鞋后进门时玄关的清洁和舒适，不经意间涌上日本人独有的情愫。我尝试着把这些东西表现出来。这些东西全都和无印良品的审美观及价值观相关联，所以，我很想把这些东西都创作出来。这不是在做表面文章，还需要有真才实干。就像是日本料理店能够做到经久不衰，需要厨师本领过硬一样……因为没有必要把它建成和式旅馆，所以就针对西式旅馆，我一直在想，我一定要让它出现在日本之外的某个城市中心。

阿部：这个想法很好啊！但是，如果日本仍然不好好进行宣传的话，人们就会对日本有很多疑问，像“日本是什么样的啊”之类的问题。

原：是啊，很可能到处都是像“日本是什么样的啊”这种疑问。

阿部：我感觉，欧洲终于敞开大门接受日本的文化了。最近日本的漫画、音乐等亚文化成为切入口，吸引了大批欧洲年轻人来到日本，这极大地缩短了欧洲同日本之间的距离。设计极有可能会成为另外一个欧洲了解日本文化的入口。或许从我们身边的日常用品上都可以找到日本文化的入口呢，而宾馆是能够体验类似于生活的场所。如果只是从商店买回无印良品的产品，那是无法切身体会到日本的生活情节的，而住宾馆却可以使人们体验到日本的生活细节。我认为这是一个很好的构想。

米兰国际家具设计展

原：“米兰国际家具设计展”是从什么时候开始举办的呢？

阿部：日本人所说的米兰展，大概是从一九七五年开始发展成为一项大型活动的。米兰展本来指的是家具商品交易会。但是，一些意大利家具商在自己的商品展览室里展现了商品交易会无法达到的那种艺术性。以米兰为据点的当地设计师们，也纷纷在画廊、市内空地上，甚至在自己的工作室里，举办各种可以体验生活真实状态的展览会。这就是米兰国际家具展览会的开端。我想，当时主要的参观者只是一些专业的买方、买方的建筑师、设计师和记者。因为当时关于米兰展的信息，主要是一些家具新产品的信息和以生活文化为主题的展览会信息。只有建筑方面的专门杂志对它进行过一些介绍，普通人一般都不怎么了解它。

到了九十年代，当时的欧洲逐渐兴起一股热潮：他们逐渐把设计作为自己国家的文化特征。这时政府开始支持并保护在米兰的展览场所。米兰展举办期间，出现了很多宣传本国年轻设计师和企业的展览会。德国慕尼黑的设计师在几节货车车厢中举办了展览会，之后，展览会延伸到米兰货物车站的专用线上。要是在当地举办展览的话，他们就把附近平时闲置的空间和类似于车库的地方进行改造，用装置艺术的方式展示给人看，相对比较悠闲和自由。但现在的米兰国际家具设计展，仍然指的是面向买家的这一部分家具交易市场。二战后，家具交易市场受到一九五八年吉奥·庞帝（Gio Ponti，一八九一～一九七九，意大利著名建筑师、艺术家、家具设计师）的意大利家具产业振兴宣言的影响，一九六一年意大利三百二十八家家具公司参加了展出，由此揭开了家具交易市场的序幕。

原：这就是最初的家具展啊！

阿部：是啊。展览会场原本是一九二六年建成的，但到了一九六一年又增建了现代化的场所。建筑师通过描绘视觉印象设计了小型企业能够对外宣传的场所，用这种方法使工匠的工作集中起来，建造每个人、每个团体都能够进行宣传的场所。在这一方面，意大利有着悠久的历史。在意大利的奥斯塔（Aosta），有一个拥有一千多年历史的古老的交易市场；二战后，米兰始终走在时代的前列。这真的都是从小的地方发展起来的啊！

着眼于二战后新都市生活视野的建筑师和设计师们由此可以面对面地进

行交流。这时，他们生产的已不是家具，而是为新生活、新文化服务的设备，并在展览会上推广。再之后，由建筑师、摄影师、美术指导和编辑一起合作，把它登载到建筑杂志上向世界推广。这些都是意大利首开先河的。当时的建筑杂志不是介绍新型建筑，而是介绍在新型建筑中我们应当如何生活。因此，总编辑也成了建筑师。意大利建筑的宣传不是一蹴而就的，而是经过长时间的磨炼一步一步走向成熟和完善的。

加速这一发展的，是二〇〇一年开始的娱乐时代。只要出钱，谁都能参与到里面来。英国资本涌入米兰市内工场废墟的再开发中，这和米兰房地产泡沫开始加速是同一时期。当时欧元成为法定货币，很多廉价航线也陆续开通，欧洲各国之间的来往变得很容易也很方便。米兰到处都有人以设计学校的名义从事商业活动，招揽客人，还有人为了招生用家具展的形式来举办宣讲会性质的展览会。这些都集中在那一段时间。近年来，到处都在举办各种各样的活动，靠出租会场大发横财的比比皆是。欢天喜地地掏出大把银子的可能就是日本人了。据说，对日本人来说，能够参加米兰国际家具设计展，正在成为一种身份的象征。

原：由于日本的媒体对“向海外发展”给予很高的评价，而设计师们也期待这种评价，所以就毫不犹豫地先走出去再说。

阿部：有人跟我很认真地说：“只要走出去了，别人就会承认我是国际设计师了。”对此我很惊讶。展览会的机能是很健全的，如果日本的企业能在那里展出自己的商品，并且能够得到世界订单的话，可以说这个企业已经被世界所承认了。但是如果设计师认为是自己很有创意，都是自己的功劳，而到处炫耀、卖弄，展览会就成了一些人的“夸卖”会……

原：好像兴奋得都想在米兰展上唱首歌庆祝了。(笑)

阿部：确实，作为一个世界性的展览场所，它的功能是很健全的。媒体报道所引起的反响很值得期待。其中当然有很多非常精美漂亮的展橱，但也有很多陈列橱，我都不明白里面展出的是什么东西。这几年，米兰在举办设计展期间，商店人山人海的，那里的人好像已经被设计麻醉了似的。所以，我感觉这座城市作为讨论设计本质与世界问题的场所，已经失去了发挥原有作用的能力。但也可能是因为我讨厌泡沫般虚幻的东西，也讨厌聚会，所以才有这种感觉。我想用一种安静、平静、独特的宣传方式，向人们传达我内心的想法。这些年我都在摸索这类新的宣传方式。您作为日本的专业人士，觉得我这些想法怎么样？

原：这的确很有意思。年复一年地积累智慧的感觉也是很有意思的。比如，思考今年要展示什么样的水龙头和金属附件等等，能够从中发现不少从细节方面改变生活质量的独创性东西。最近提到的家具，指的不仅是起居室的沙发，也包括浴盆、洗漱台和门把手之类的东西。一提到这些我就感到很兴奋。(笑)基本上每天我都想沉浸在设计的海洋里，所以玻璃、咖啡杯、勺子、盐罐之类的物品我都很喜欢，怎么看都觉得看不够。要是能有机会集中观察它们的话，那有多好啊！

阿部：说到设计，就会想到米兰设计展。在欧洲，有专门展出平板玻璃的展览会，也有许多焊接、切割的展览会。我是搞制造的，所以比起摆满精美的设计完成品的展览会，我更钟情于筑地的鱼市或工程机械的展览会，一看到这些我就激动。(笑)

原：是，是。有一次我被邀请参加意大利调料品制造机器的展览会后，就把“建筑师的通心粉”展览会带到了米兰。(笑)

所谓米兰展的方法

原：在某种意义上，我认为米兰展是很棒的。日本社会对待设计的态度仍然存在着很深的欧美情结。例如虽然日本有时尚产业，但可能始终都成不了世界时尚业的中心。就拿纤维产业来说，现在意大利、法国等国家生产的布料占有绝对的优势。在过去一段时期，日本的布匹卖得也很火，可日本那时的产品和现在颇受关注的中国产品一样，是因为劳务费比较便宜，才在当时很畅销。随着经济的高速发展，劳务费一提高，产品立刻就卖不动了。这样一来意大利、法国等国家在天然纤维加工上的优势就凸显出来。布料和服饰当然会存在流行和潮流趋势的问题，所以为了能够切实地运用它们，流行也被严格控制了。

阿部：流行难道真的被控制了吗？

原：法国有专门的流行趋势设定委员会，潮流被完整地“记录”下来。和戏剧一样，潮流也能够被记录下来，它被写成无比巧妙的、大家都能理解的感性故事。如果故事的题材几乎是世界上每个人都能共同拥有的话，那么无论什么事物都有可能成为流行的资源。从看似备受世人瞩目的佛像，到医疗用品中的绷带、胶带，甚至是人的衰老中，都可以获得形象创作的源泉，从而诞生出一个个美丽的传说。政府官员、生产纤维的布匹公司的高层领导都是该委员会的成员。他们制订周密的计划，设计出流行的款式，在这个过程中决定颜色和整体感觉。以这些准备工作为基础，生产出丝线，再用这些丝线生产出大批面料，最后再在法国Premiere Vision布料展（创立于一九七三年，每年举办春夏展与秋冬展，发布下个季度的纺织品及服装的最新走向）上进行展示。之后，法国、意大利的知名服饰公司的采购者来这里采购。然后把采购的面料做成衣服，带到巴黎时装展示会或米兰时尚发布会上展示发布。在那里，全世界的客户和媒体蜂拥而至，购买服装和发现新闻卖点。

时尚潮流设定委员发掘出流行的开端，然后生产面料，把面料做成衣服，再把这些服装拿到国际市场上去出售。这样一个流程构造就是所谓的“流行”。如此一来，丝线、面料以及服装这三方面和时尚价值观一道在世界上流通，形成一个整体结构，逐渐走向成熟。米兰展的产品设计和这一流程极其类似。同时，这个构造与发现时尚价值的眼光和创造性的批评话语也息息相关。媒体和这一潮流同样密不可分。总的说来，欧洲最先提出了这种理念，即事物与信息相配套，并在信息的流动上形成上游。由于信息的上游已经形成，无论怎样，日本始终处于信息的下游，处在被动的位置上。即使像三宅一生、川久保玲、山本耀司这样拥有卓越的才能的设计师，也不能让东京兴起的时尚潮流引领世界。即使与世界潮流不同，日本的设计师还是不得不去参加巴黎发布会，否则就无法及时接收时尚的信息。现在，连原宿街头时尚的独特之处都是由欧洲发现和鉴定的。

阿部：那个年代，东京无法吸引这么多人吧？

原：是啊！吸引力还很小。日本的媒体也有些太推崇欧洲了，例如崇拜巴黎、米兰等等。日本媒体远赴巴黎、米兰收集时尚信息，强力支持当年的潮流。他们已经彻头彻尾地形成了根深蒂固的下游意识。我想，如果现在不想出对策，后果会很严重。

阿部：是啊，我们没有对本国的优点进行正确诚恳的评价。从日本的物理、化学再到艺术，有不计其数的智慧才能都是依靠外国人培养的。所以，我们只有弘扬我们本国的不为世界所了解的智慧和才能，并把它们作为我们的财富向世界展示，才能说这些信息是真正来自日本的。我们本来有那么多在世界上可以引以为豪的东西，为什么不展示出去？我觉得太可惜了。

原：当然有很多了。例如日本现在的合成纤维，这种使用高科技生产出的纤维和天然纤维有着截然不同的魅力。欧洲高级服装的第一代设计就开始使用，现在也一直延续使用。想一想，它的历史最多也不过几十年，所以日本也在不断地变化着。

米兰展基本上已经成为时尚的代名词了。在商品与信息相互配合的过程中，形成了一个缜密的体系。 米兰展的大部分是古典式家具的展览会，那里设定了“设计”的范围。世界各地的设计师，构建了能够为意大利家具业作出贡献的组织，使展览会更加繁荣。能够把世界设计相关人员的智慧聚集起来，是一件很了不起的事情。我们不得不对倾注其中的努力和奋斗表示敬意，同时我认为，亚洲也应该利用这样一个平台来展示自我，不应该只以在米兰展上展示为目标。

冷静清醒地来看这个闻名世界的设计盛典，就会发现它其实也存在着矛盾。例如，在米兰展看到的家具，不管是沙发、整体厨房还是整体浴室，哪一个不是惊人的天价呀？因此，它的顾客都是来自阿拉伯、美国等地的世界顶级的富翁。这些富翁们对与做饭相关的厨房设计一点兴趣都没有，只是抱着把“最贵的给我拿过来”的心理，对是哪国的设计师所设计的，为什么这么设计等等统统不关心。大多数高级家具是通过订单购买的，宾馆的大批采购占到营业额的大部分。“给我拿安东尼·奇特里奥（Antonio Citterio，一九五〇年出生于意大利，毕业于米兰理工学院建筑系，著名建筑、工业设计师）设计的沙发”，在展示厅里买一个沙发，这是日本设计宅男的行为。(笑)

真正步入正轨的热销家具中，经过一次次的修改，符合大众口味的居多，设计新奇的家具不是很多。在我看来，现实的经济与注重外表的设计热潮并不总是相辅相成的。欧洲人用欧洲式的策略打开了世界的大门，这是他们的方式。能够在巴黎展览会上受到瞩目，在米兰展上得到好评，终归是一件很值得兴奋的事。但我们要擦亮眼睛看清其中运作的力量。如果意识不到自己的独创性，就无法对未来作出贡献。

日本的纤细

阿部：在最近五年中，世界发生了很大的变化。如市场的全球化、竞争的激烈化等。只要有商业利益，推广人就会不拘泥于地域限制，赶赴商业利润最高的地方。不是强迫别人来到自己这边，而是自己带着原创的东西去人多的地方，到处都可以宣传，到处都是商机。能够提供这种有吸引力的会场的欧洲展览会，目前也正处于严峻的生存竞争中，所以他们现在以强大的组织能力和对顾客的吸引力为武器，逐渐开始和中国、俄罗斯、美国等国共同举办展览会，到对方的国家去发展。冲破本国和世界之间的界线，投入到世界的洪流中去获取利润。他们已经开始采取这种新的战略手段了。

原：确实是这样。面临这种状况，日本能不能把自己的产业潜力以及生活文化方面的独创的东西作为来自日本的信息，传达给世界呢？

阿部：来自日本的东西指的是什么呢？

原：例如“TOKYO FIBER”（东京纤维）正在致力于向海外推广日本生产的纤维。日本的经济产业省与其他一些公司，都希望它能够再一次宣传日本的纤维……在前面我也提到了，现在日本利用高科技生产出来的纤维材质因理念的不同，变得很独特有趣。可现在，中国和印度是生产服装材料——合成纤维的主力。除了运动服和泳衣这些需要特殊材料的产品之外，普通服装用的合成纤维日本已经停产了，作为原料的石油价格也在飞涨。归根到底，劳务费一高，就会失去竞争力。所以，欧美已经从这个市场上撤走了。他们已经开始向人工心脏、血管、风力发电的螺旋桨、飞机机身和汽车车体等新兴领域进军，将其作为大的产业，实现了持续稳定的增长。人造纤维与用途相结合的机能和性质，已经达到了可以人为控制的程度，所以它被称为与天然纤维不同的“智能纤维”，给人以耳目一新的感觉。

例如“超级薄纱”只有尼龙长筒袜厚度的五分之一，非常轻薄。用“仙女的羽毛衣服”来形容它的薄，这种比喻方式就显得有些陈旧了。我们使用一个恰当的说法，那就是当你看到它的时候，就会感受到科技的力量。有的纤维断面是中空或星形的形状，质地超轻且保温性能很好。有的面料拉拽后能够很快恢复原样，用剪刀剪裁之后根本不会脱线。截面不脱线的面料就可以省掉缝边，直接缝合就可以了。可以说，它已经超出了原来意义上的布料。另外还有很多其他的材质，比如能够恢复到原形的记忆性材质、比天然纤维手感还要舒适的材质等等。与丝绸、棉、麻、羊毛等材质具有不同质量和作用的天然纤维的种类也在不断增加。我又开始思考研究课题了，我要用肉眼能够看到的形式把它们展现在世人面前。

刚才我们提到了时尚这个话题，对于时尚来说我是个门外汉，但是通过接触这个工作我也略微了解到一些关于时尚的组成。因此，我在思考一个问题：假如以“非时尚”的形式在欧洲的时尚产业宣传日本的纤维，反而可能会引起人们的兴趣。如果用新的视角去探寻人的身体和服装的关系，认为这不是时尚的人反倒会觉得奇怪。例如最近听说有人正在研发一种可以计算跑步距离的跑鞋，阿部小姐您听说了吗？

阿部：是什么啊？

「TOKYO FIBER. 2007」展　铃木康广用「超级薄纱」制作而成的「空气人」

原：我是从一个丹麦设计师那里听说的，有人正在研发一种能够计算距离的跑鞋，这种鞋能够感觉到人脉搏的变化，当脉搏跳动超过一定数值时，它就开始计数。想想看，人体能够通过脉搏跳动、体温、血压、出汗等方式向外界发出各种信息。如果服装也具备这种互动关系的话，那就不再是普通的衣服了。厕所的坐便器也开始向能够测量脉搏、体温、血压、体重还有尿成分的医疗器械职能转化。捕捉人体信息，使之与环境相适应，在这方面，日本算是行家了吧。

现在日本的好多汽车公司、家电公司都已经跻身于世界一流公司的行列。可以说，日本作为一个制造业大国，拥有着绝对的优势。建筑和设计也都站在世界前列。

我们懂得把高科技应用到纤维上，也掌握了使科技转化为生产力的技术。我想，企业的技术和创造力如果能够完美地融合，就可以用与时尚截然不同的轮廓勾勒出人类、纤维和环境的关系了。我想尝试开拓这一新领域。我把围绕在人的周围并且刺激人的创造性的媒介称为“SENSEWARE”。时下的智能纤维是不是就是这种能唤醒人的创造力的“SENSEWARE”呢？

阿部：我对这个“SENSEWARE”的命名很感兴趣。一般来说，在提出一项新技术时，都是硬要和人类的感觉挂上钩的。

原：这不是我编造的词。因为它的用法还没有固定下来，所以我就用自己的方式对这个词进行了诠释。人都是受到了原材料的刺激才有干劲的。接触到新合成纤维，就感觉好像有点干劲了。(笑)如果按技术的标准来搜集音乐，马

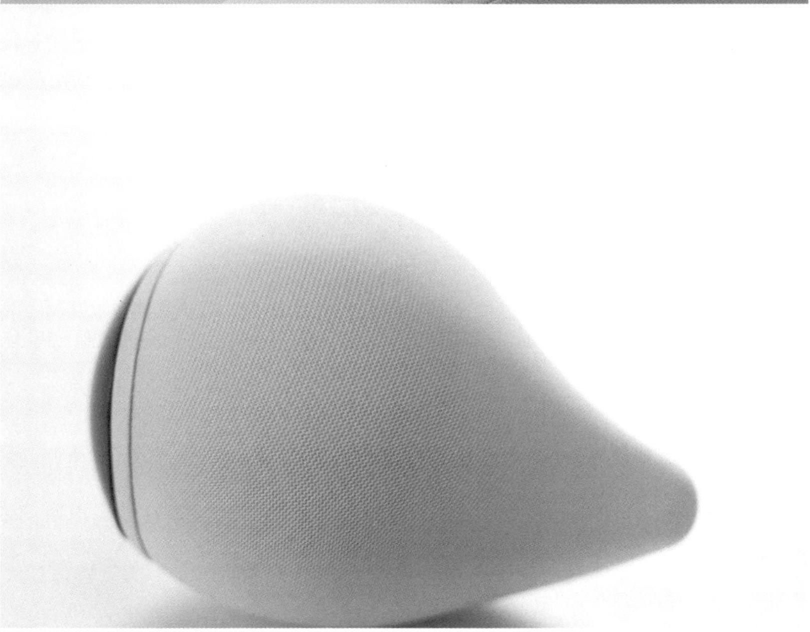

「TOKYO FIBER' 2007」展 使用伸缩性极强的材料制作的「掌上电视」 索尼有限公司创作中心制作

上就可以搜到多得一辈子都听不完的音乐。反之，天马行空地胡乱搜集一通，根本不去思考人们对音乐的希求是如何变化的话，就无法掌握人类、科技和音乐三者之间的关系。在与感觉的接点上考虑科技，就能在未来将其变成现实。举个例子来说，最近人们正在发明一种超级智能化的按摩椅。这说明在身体和环境的接触面上肯定出现了新的解释。而日本纤维的智能化体现在与其说它是面料，不如说它已经进化成为类似于细胞和皮肤之类的物质了。我想，如果同时利用纤维的智能和精密细腻的技术，我们肯定能提出很多具有划时代意义的方案。试着用细腻的技术描绘人类与环境、身体与纤维的新轮廓，这是完全不同于欧洲服饰历史的新传奇。

阿部：这不是机器人的技术，而是和我们人类息息相关的技术。它源于日本的生活文化，立足于细腻的“HAPTIC”。

原：是啊，确实是“HAPTIC”。我们难道就不能设计出不同于时尚视点的服装吗？我想，这才是真正立足于“HAPTIC”吧。

阿部：欧洲对日本的纤维给予了很高的评价。很多企业、设计师都想使用日本的纤维。但实际情况是这些纤维也因很难买到而闻名世界。日本政府向企业发放补助金，所以即使日本企业去参加海外活动或展览会，也只停留在“来了很多外国人，都赞不绝口”之类的自我满足上。我听过很多这样的事情：有了反响，咨询的邮件发过来了，可是没有人会用英语回信；因为只有通过大公司才可以销售，所以只能回复“请您问一下大公司方面的意见”；另外愚蠢地放弃小额订单之类的事情也有很多。这样就会错过很多商机，最后导致生产企业根本赚不到什么外汇。因此，战略性的扶植还是非常必要的。

原：如果日本的大众媒体具备创造性的力量，就可以为我们提供强大的援助和保护，这些都是我们自己做不到的。听说现在有一个名为“日本·创造力”的纤维展览会，参观者已经达到了五万人，但是欧洲的买主却基本上不来光顾。

阿部：是吗？是不是没有发送明确的邀请函呢？应该有很多欧洲人对日本感兴趣。欧元飞速升值，日本商品不断降价，很多欧洲人选择来日本旅游。我听说连学生都特意买了机票飞到日本来呢。可欧洲人不来参加在纤维原产地日本举办的展览会，太令人不可思议了。

原：这件事今后我还要继续关注下去。我听过有人这么说，如果把上海、北京、首尔和东京连接在一起，同时连续举办展览会的话，更容易吸引欧洲的买主来亚洲。东亚的国家好像没有欧盟合作得那么密切，建立这样一个机构组织确实很重要，但东亚国家的步调总是难以保持一致。

阿部：即使在欧洲国家，可能都无法实现和竞争对手联合起来这种理想状态。单在日本就有着不计其数因宣传不周密而错失商机的展览会。欧洲其实很希望了解日本的先进产品。在欧洲有一种需求很旺盛，那就是——想买那种买不到的商品。现在可以说这种需求正处于高潮时期，再加上现在日元贬值、欧元升值，然而在这种情况下还是找不到什么入口。即使找到了，也只有日本人自己知道入口在哪里。日本的展出商要推出一种战略，这种战略就是即使不走出国门，也能参与到全球经济中来。我认为这种战略从保护日本中小企业生存下去这个意义上来讲，是极有必要的。对于日本的展览会来说，对外进行周密的宣传推广，实施促进商业发展的战略以及培养一批专业的制作者和编辑都是不可或缺的要素。在这个时代，没有一套完整的宣传，只靠投入资金，想把客人召集过来是不可能的。

原：过去，在桐生、八王子等时尚领域也有想要开发让出世界瞩目的纺织品的产业，但现在不太景气了。

阿部：是什么原因造成的呢？

原：不管质量多么好的纺织品，都注定要被时尚的循环周期所淘汰。要想紧跟时代的潮流，必须有永远都要创新的觉悟。意大利和法国等国在这一方面可以说是煞费苦心，所以他们始终走在时尚前列。最近听说中国生产的纤维，价格也很有竞争力。

阿部：日本的纺织品，无论从技术人员的创造力还是独创性上来讲，都毫不逊色于其他国家。我本来对此抱有很大希望，但目前觉得很遗憾。当今的时代是网络的时代，是一个即使没有代理商，小规模的企业也可以通过自己的力量赚取外汇的时代。假如在日本销售得不好，就拿到国外销售吧。如果抱着这样的想法，我相信我们的企业没有存活不下去的理由。提到日本向世界展示的细腻，这个细腻中有一个关键字——旬。

原：是的。我觉得日本料理的卖点就是“旬”。虽然荷兰也有“旬”，但是，季节表情的丰富性和观察季节变化的细腻性是日本的强项。中国以五天为一个单位，划分季节变化的二十四节气和七十二候的历法传到了日本之后，日本对此进行了补充修改，以更加感性的形式运用起来。有意识地将自然的变化用语言形式表达出来也是一种知性。正因为不断地用语言描绘自然中微妙变化的颜色，所以才出现了那么多表示颜色名称的词语。这些不是只有在日本国内才能用得着。在和现在的荷兰年轻人交谈时，这些话题也很有用处。

阿部：必须从二十四节气和七十二候开始解释。并不是每个国家都四季分明。只有像日本这样的国家才能够处理这么多的气候变化。因此必须准备各种各样的餐具和衣服，根据季节不同作出改变。说不定这就是日本的丰富性呢！如果不从这里开始解释的话，谈话就进行不下去。

美化欲望形式

原：我最近经常使用“欲望教育”这个词。虽然欲望和教育这两个词都有些模糊，但我目前还没有找到更好的词来表达。我在想，在市场交易和设计的尽头，我们到底可以做些什么？也许我们可以做一些对人类欲望有影响力的事情。整个社会都充满欲望，有些欲望逐渐转化为有形物质，出现在世人面前，最终形成环境。我们想美化环境的话，就必须先美化最初的欲望。如果每个人都想开比别人好的车，住比别人高级的宾馆，吃比别人美味的饭菜，整个社会就会变得越来越冷漠。如果对这种冷漠的欲望进行扫描，也就是把它市场化，把扭曲的欲望挖掘出来，就会生产出大量与扭曲的欲望相匹配的商品，从而形成一个循环链条。一想到这个链条，就让人心情很不舒畅。日本现在的欲望教育已经被扭曲得两极分化了。饭团和茶叶在便利店里买；买包时立刻想到普拉达，虽然对爱马仕有些望而却步，但还是对古琦(Gucci)、路易·威登(Louis Vuitton)之类的牌子抱有一定幻想。

阿部：这都不像是个人的要求，倒像是人类被什么东西控制住了似的。

原：住在四个半榻榻米的拥挤的房间里，却要买宝马。(笑)

阿部：确实有人住在一间只有四个半榻榻米大的房间里，却整天想着买宝马，而且是必须买。他的想法可能来自于广告吧。

原：由此可见，欲望正在被引导着。但是真正的设计，不应该为这些欲望煽风点火，而应该努力去触摸人类生存环境中储藏着的人类睿智。设计不单是新鲜生动的点子，有时还要具有类似于长者般的智慧。我想从事那种以虚幻的形式，萃取设计中睿智部分的工作。

阿部：不同于宝马这种奢华的设计，而是从本质上改善人们的生活欲望。所谓设计，可能就是要把握这个关键吧。

原：我同意这个观点。环境问题和它在本质上有一定的相似之处。

阿部：实际上，我有很长一段时间没有在日本住了。我发现，欧洲人好像没有日本人这么爱消费。我强烈地感受到，欧洲是在节俭积攒下来的富裕上建立起来的小国家集合体。有一次一回到日本，就听人介绍说现在新出的负离子洗衣机很省电，当时我觉得很合适，特别想买。但一回到德国的家里，还是继续用五十年前出产的德国米诺牌（MIELE）洗衣机。那台洗衣机没有什么毛病，还能用。虽然修理家电的人说这台洗衣机已经用到头了，该换一个了，我还是不想换。德国的家电寿命是很长的。过了二十多年没有电视的日子，可能已经对电视没有什么免疫力了，回到日本看了电视广告后马上就买了一台回来。像这种又方便又便宜的商品，在日本到处都是。比如看到能够轻松扫去床上灰尘的扫除工具，脑子一激动，第二天跑到超市一看，“啊，就是这个！”就买了回来。

原：像这种一下子就能打扫得很干净的除尘器，买了之后，觉得自己都变聪明了，原来生活可以变得这么简单。如果是这样的话还不错。可有的东西买了之后，会觉得很后悔，觉得当时要是没买就好了。这样的商品生产出来，它面临的市场形势就会比较严峻。

阿部：因为没用的东西已经买了一大堆，以后就不怎么想买了。日本所谓的消费社会，大概是受到美国的影响。但日本不像美国面积那么大，人口密度却非常大。一家只有两个人，要是买很多东西的话还可以理解。但是现在日本的情况是一大家人住在狭小的房间里，每个人都买回各种东西堆放在家中。

原：有一场名为“材料 · 世界 · 研究课题”的活动，是让不同国家的参与者把家里所有的家具、生活用品都摆放在门前，然后和家人合影。最后发现日本人的家居用品是最多的。看到那些惊人的照片，我们就能了解到日本人拥有多少多余的东西。

阿部：日本最近有很多人为了避免拥有太多闲置不用的东西，开始利用跳蚤市场和网上拍卖的形式，妥善地处理自己没有用处的物品。

原：但是仍然有很多人不这么做啊！在日本的有钱人当中，还有人认为消费就是“节税”，所以会通过买汽车、冰箱、电视等大件物品来增加开支，三年前刚买的冰箱等家电就要换掉重买，通过这种方式增加支出减少税金。虽然这可以称为“富”，但也是严重的利己主义行为。

“经济”之后

阿部：给企业设计东西，然后再被消费掉。您觉得自己的工作不应该是这样吧？

原：经济这个问题不可能一眼看穿，所以您刚才提的问题有些难回答。经济确实是推动世界发展的动力之一。第二次世界大战结束之后，为什么意大利、德国、日本这些战败国开始发展制造业了呢？这几个国家如今都成了制造业的枢纽国。(笑)战争结束后，我们的生活环境变得一塌糊涂，房子、道路、生活用品、家电等都急需重新制造。这可能在当时起到了巨大的催化作用。这三个国家把原来生产战斗机的工厂改建成了生产小型摩托车的工厂等。而战胜国这一方则认为，制造业比较污染环境、技术含量低，就放弃了这一领域。是不是这样呢？

阿部：是的。我能明显地感觉到战胜国的那种“制造业就是低级的工作”的态度。同时，我也确实体会到对于谁都生产不出来的东西，他们还是带有敬意的。

原：我们能很明显地看到，战胜国想在进入下一个经济阶段时遥遥领先。他们认为把商品生产交给意大利、德国和日本就可以了，因为依靠工业生产推动世界发展的时代即将结束。他们虽然依靠制造业发展了经济，而且经济体也很强大，但是今后世界发展的主流是金融和信息，也就是能让金钱运转起来的组织和软件产业，所以他们要去生产处理信息的计算机系统，或者建立运作货币的组织。我猜想他们是这样考虑的：真正掌握财富的，是那些把世界上处于经济优势的智慧巧妙积累，并且能够控制智慧的国家。而在这样的国家当中，制造业势必衰退。

阿部：如果缺乏有经验的人，工厂是开不下去的。一旦工厂关闭了，想在一百年后再开办同样的工厂，几乎是不可能的。所以英国再也不生产什么东西了，法国也是如此。

原：经济成为二战后推动世界发展的最强大的催化剂，但同时也产生了很多矛盾和问题。说不定计算机也会把国际大型组织引入下一阶段发展的死胡同呢。我仍然是从身体和感觉出发思考问题，所以我不能简单地采用他们那种思维方式。照这样发展下去，二氧化碳大量增加、化石燃料枯竭、非洲发生饥饿问题以及世界贫困人口增长等问题，都会不断地凸现出来。那时再来强调生态学就于事无补了。那么我们现在应该怎么办呢？说到底，世界还是要靠经济来运转。

阿部：只有一次的买卖，我们最终肯定要为它付出沉重的代价。而这个代价是由我们的下一代来付，这也应该是设计的课题……

原：在这种情况下，我认为设计思想很重要。可以说，设计能够使世界变得更加和谐、更加合理。设计从它的起源来讲是一种理想主义，埋头钻研思考的态度才是设计的本质。比如，连续实验失败的结果是寻找到最佳答案，挖掘到有价值的问题。而解决问题的方法只有一个，那就是大家埋头苦干，冥思苦想，思考出越来越多的问题，让更多的人脑子转起来，世界就会朝大家期待的方向发展。设计是启发人思考的强大动力。设计最初的视角就是创造出世界需要的理性以及使世界达到均衡。从这个意义上说，我希望有尽可能多的人领悟到设计的现实性。

第四章 | 设计与生活

日本和欧洲的百货

原：您怎么看日本的日用百货商品呢？比如讲义夹、笔记本、垃圾箱之类。

阿部：可以说制作还是蛮精良的。从外形细长、不占空间的垃圾箱到洗碗的炊帚，都很不错。但颜色有点问题。色彩是设计中非常重要的因素，但是一些商品对于色彩的选择却给我一种敷衍了事的感觉。我到德国之后才感觉到，原来一块抹布的颜色也可以这么漂亮。或许就用途而言，色彩并不那么重要，但是，像日本那样不重视色彩的情况在德国是很少见的。

原：这是真的吗？

阿部：是的。我发现日本的日用百货里，无论是一百日元的东西还是五十日元的东西，质量都是不错的。在欧洲，如果您肯出好价钱当然可以买到质量很好的商品，但是质量中等的商品很少，便宜货的质量都很差，那些东西在日本都不能称其为商品。因为日本的进口商品都是可以满足消费者挑剔眼光的高级货，所以不由得会觉得还是欧洲的日用百货好。

原：日本可是从欧洲进口了无数华丽而且富有存在感的日用百货商品，日本人也一直觉得生活中有它们的存在是一件很美妙的事情。有的时候，只要盯着一只具有欧洲风格的厚玻璃瓶看一会，就会不由得开始思考为什么人们会被这种质感所吸引。也许正是因为厚得夸张的玻璃才勾起了人们烹饪的欲望吧。我对欧洲的日用百货非常感兴趣，因为从那里可以感觉到在欧洲源远流长的社会生活中没有被消耗掉的感性。由于我是无印良品的设计师，所以经常会一个劲地想这些问题。但是，要让一个质量很好但随处可见的商品得到好评可不是件简单的事，稍不注意就会卖不出去，最终从消费者的视野中消失。所以，笔记本、备忘录、讲义夹之类的商品，我们每年都会做一些改进。

阿部：每年都会改进笔记本？“改进”这个词最初由日本丰田公司提出，现在俨然已成为国际语了，在欧洲也作为日本特有的方法被大肆报道。具体有哪些改进呢？

原：比如给笔记本加个袋、附赠橡皮、改变纸张的厚度，或是在每页的边缘直接留有填写页码的地方，又或者是改变笔记本的行距，将它们变厚或变薄等等。各种各样的方法我们都要尝试。我们的商品每年都会有一些细微的改变。我们向市场不断推出新产品，就像是在玩转碟一样。转碟这个杂技，如果停止摇动手中的竿子，碟子就会掉下来摔碎。在这种避免陈旧、不断出新的变化中，也包含了我们重新审视自己的想法，以及用这些想法来改造事物的意识。由于我们每年都这样反复尝试，商品的质量也一点点好起来了。

阿部：为了能再做好一点而拼命努力，就这一点而言，日本人真是了不起。我觉得与其说欧洲人做不到这样，还不如说他们脑中没有“转碟”这个概念。

原：柏林有一个笔记本品牌叫做“柏林人（Berliner）”，质量非常好。四个角均由金属材料制成，封面所使用的材料质地坚硬不易折皱。作为随身携带的笔记本已经是相当成熟的了。今后的日用百货将何去何从和文化有一定关联，所以我很在意日本日用百货的水平能在多大程度上可以对抗欧洲产品的历史积淀。

阿部：您是说日用百货的水平……

原：我在做一个叫“感觉(FEELING)”的项目时，有机会仔细观察了德国制造讲义夹的流程。那套流程绝不是一朝一夕形成的。金属模具的固定方法、固定的方向、和容纳模具的薄板厚度相适合的金属模具的厚度，以及如何拆下模具等等，都有严格规定。讲义夹的金属模具非常多，我想他们想出这些方法也一定花了不少时间。在日本，消费者容易喜新厌旧，采购方又经常被销量所左右，所以我感到提高质量的工作被忽视了，思考、智慧的积淀还远远不够。

阿部：确实，在欧洲想要设计一个很棒的作品，最初的开发是非常花时间的。一旦确定了标准，就不会轻易更改。Moleskine 的笔记本就是一个很好的例子。从海明威用它写字至今，一点也没有变。这些笔记本被用旧后仍然会被整齐地排列在书橱里。我们除了将它称为思考的积淀以外，还能说什么呢？这样的情况在喜欢不断改进的日本是很难想象的，但是这只是因为擅长的方面不同而已。现在去日本的欧洲人，经常会买些百货回来，比如无印良品的东西：炊帚、热水袋、厨房用垃圾箱，还有可以像雨伞一样撑开、在室内晾袜子用的晾竿。大家都很喜欢买这些东西回来，因为这些东西在欧洲是没有的！（笑）

原：最近还出现了可以粘在玻璃或墙壁上的半圆形的晾竿，这应该说是典型的日本式思维。德国人就算想到，也会因为半圆的不稳定性而不喜欢它。

阿部：在欧洲很少见到这种在生活的点点滴滴中体现出来的智慧。所以原先生，您看着欧洲的厚玻璃瓶感动的时候，欧洲的设计师们也正看着塑料的厨房用垃圾箱感动呢。对任何一个人来说，外国产品都是有异国情调且充满魅力的。

厨房：设计的集合

原：最近，我把家重新装修了一番，还买了套厨房组合用品。挑选它的时候，我比妻子还要热心。从不锈钢的厚度、水龙头，到抽屉的隔板该怎么放都是我一手操办的。在我看来，厨房是一个设计的集合。参观国际家具展览会时，水龙头的设计是我永远也看不腻的。设计师们深思熟虑地设计了意大利和德国的厨房。先不说意大利，我不明白为什么德国菜这么难吃还这么重视厨房的设计，总觉得有点不合拍。

应该说我是偏向日本的，我认为不论是刀具还是容器都是日本的好。所以我不会漫不经心地夸奖德国的和意大利的东西好。也许是因为倾注于这些厨房用具的智慧积淀有所不同，连抽屉能否关严实也要进行周密的设计。就算是自来水龙头的一点弯曲，也能让人注意到很多细节。这是考虑到生活合理性的一部分。筷子的制作材料和制作方法，也有很多值得考虑的东西，放筷子的方法和筷架同样蕴藏着智慧。这些绝不是自诩知识渊博也不是拘泥于小节。砍下竹子，在它还是绿色的时候做成筷子，这是时机和制作方法的问题。就是一双一次性筷子也有制作原料与资源这个巨大的问题需要面对。使一顿美餐看上去更好吃的筷子是谁设计的？又是在哪里生产的？一系列产业问题就隐藏在背后。人们的生活，以及世世代代无数人的意识就交织在这里。

前面谈到组版的时候，我讲到了动物皮毛的生长和树林枝繁叶茂的事，道理是相同的。动物身上的每一根毛，都是在有规律地生长，所以活着的动物的那身皮毛才会如此美丽。每一片叶子都为了能得到太阳光而拼命地生长，所以树叶才会如此美丽。精心地认识生活的每一个场景，也许是促使世界平衡的方法。和一样东西交往并不是简单的消费，只要认真地和它们交往，你自然会意识到该如何处理已经不能再使用的家电。“与其缴税还不如换一台冰箱”，从这种肤浅的经济主义的想法里是什么也得不到的，而且连好不容易买来的宝物——冰箱——也无法快乐地赏玩。

阿部：这种事，只是听听就觉得很悲伤了。

原：既然买了就是想和倾注于其中的人类智慧对话吧，通过对话，才会如梦初醒般发出“啊，原来如此”的感叹。如果这样的对话越来越多，世界就会改变，往更合理更平衡的方向前进。我认为设计拥有这样的力量。

阿部：我也有同感。虽然是肉眼无法看见的东西，只要设计出来，生活品质就能得到提高，这正是设计最有意思的地方吧。我觉得为了能够做出好的设计，光凭想象是不行的，本人生活的真实感、兴趣、为什么觉得这样设计会更好等等，不断积累这些生活体验是很有必要的。从这层意义上来说，厨房是……

原：是的，厨房是设计的一个集合。

阿部：确实是一个集合。但是，说到厨房组合用品，欧洲人因为不像日本人那样经常做饭，没有那么多种类的盘子和碗碟，也许能全部塞进去。但是日本的饮食生活，特别以按现代的饮食生活来看的话，这些进口的厨房组合是绝对不够用的。必须彻底把那些类型忘记再重新设计一遍。而且，就算不重新设计，因为日本是个本来空间就不大但什么都要求有、什么都喜欢很正式地做着吃的民族，不仅锅子的种类多，还会不断购置新的家电。日本人里恐怕没有人没体验过在本来就不大的灶头上被锅碗瓢盆所埋没的事吧！

原：是啊是啊。焙茶、煎茶、红茶、速溶咖啡、普通咖啡、别人送的中国茶，海带和干制鲣鱼的旁边还有小沙丁鱼、海苔、梅干什么的，食物的材料多得不得了。

阿部：还有来自韩国、中国、意大利的食品材料，以及来自印度的作料整齐地排列在厨房里。所以，现在很多设计不是考虑日式还是西式的问题，而是要忽略类型，从如何才能让生活更加便利的角度出发去考虑问题，这已经成了全日本的制造商和设计师必须倾注全力加以解决的问题。

原：的确如此。

阿部：我觉得制作出能放在有限空间里并能容纳“每样都来一点”的多样性食物的容器，是能让日本的设计能力发挥到极致的一个课题。我一直认为若能往这个方向努力，我们就能设计出欧洲和美国造不出来的性能极好的厨房。

生活和家用电器

阿部：在日本，能够使家里看上去更整洁的收纳性家具，特别是有现代风味的日式壁橱很受欢迎。但是这些东西无法解决根本问题，只不过作为拼命地隐藏杂物的装置发挥着一点点作用罢了。我称之为“设计的隐藏行为”。因为以前妈妈不管什么东西都喜欢用布盖起来。电饭煲要盖起来，面包机要盖起来，电话也要盖起来……

原：我家的纸巾盒都被盖起来了呢！这些地方都是妻子的势力范围。（笑）

阿部：是啊是啊，如果不遮起来，就觉得与周围的摆设格格不入。这和实际生活真是不相称。窗帘啦沙发啦，我们的生活中充满了布，只有当盖着布的传真机来传真的时候才能找到统一感。这种情况并非只有在日本才有，在土耳其我也看到过盖在冰箱上的布，肯定是不愿意和冰箱在一起吃饭吧。虽然如此，厨房却从容不迫地和餐室合为一体，被称为开放式厨房。在比较宽敞的厨房里，一家人每天都一起生活着，这种情况现在十分流行，消费者非常努力地遮盖着，也许是想以此与家电和谐相处吧。

最近几年，我都在给在德国RED DOT国际工业设计比赛做评审，我负责的部门是“KITCHEN TABLE WEAR”。需要审查的东西有洗衣机、烘干机、吸尘器、冰箱、煤气炉、烤炉、微波炉，当然还有各种类型的水龙头、咖啡机、火腿切片器等，除此之外还有组合厨房用品，甚至还有汤勺、刀具、放胡椒和盐的容器等等。从世界各地送来的参赛作品，被摆放在类似飞机库的地方。我经常花一整天的时间一边读说明书，一边审查这些作品。做着这种工作兼学习的事情，我深切感到这些东西的功能已经得到了充分的开发，现在要做的是“把它们融入日常生活中去”。现在欠缺的是从如何和它们一起生活这个视角看问题，单个的物品设计得再好，还是很难融入人们的生活中去。原先生一直很在意这个问题吧。

原：所以我总是按捺不住想拿自己做实验。妻子要是不跟我打声招呼就买个水壶回来的话，我一定会马上摆臭架子跟她抗议：“我的人生里可是没有太多买水壶的经验，但是您却想都不想就买回来了，为什么不交给我办？” 当我很生气地跟她这么说时，她就会说：“男人一般不会买水壶吧？一般这么点事妻子也不会说的。再说妻子买水壶不是理所当然的吗？我可不想因为这么点小事听您数落。”她说的也有道理。我妻子年轻的时候曾做过京友禅（一种传统染色技术，染制时将色彩丰富的图案描在衣服上，主要用于和服）的工作，最讨厌设计师装模作样了。她心里肯定在想：“设计设计地老挂在嘴上，别装模作样了。”（笑）

阿部：但是夫人可能是消费者的代表人物。如果是我的话，别说是心里想了，早就话到嘴边一不小心说出来了。（笑）

原：她可是最刻薄的消费者。对我来说，每天都是学习的过程。

阿部：家里的事情都交给妻子，男人外出工作是典型的日本家庭的模式。家里事情的决定权大多数是在妻子手里，从这个意义上来说，能够按照自己的意愿体验生活的真实性，并握有决定权的男人说不定出乎意料地少。也许正因为如此，男人们才会用钢笔、钓具等属于他们自己的工具来缓解压力。

“日本车”和组合厨房用品

原：在日常生活中，男人们最在意的也许就是汽车了。但是我认为，与其说日本车是男人的道具，还不如说它是按照所谓的组合厨房用品似的设计方法进化而来的。

阿部：欧洲汽车的原点是马车吧？

原：马也算是原点之一吧！配着漂亮马鞍的白马。我觉得日本和欧洲构思的根据完全不同。欧洲的东西比较注重原创，日本则并没有见证汽车诞生的根源。比如工业革命时，内燃机首先被发明。最初安装引擎的汽车是梅塞德斯-奔驰，人类通过控制具有超强运动机能的机器，制造了汽车。日本的汽车构思则是在动力机器被发明出来后，给居住空间安上轮子而已。说得极端点，我觉得就好比是把古代当官的人坐的轿子加上引擎和轮子似的。这是一个印象的问题，也许本田宗一郎（本田汽车公司的创始人）听了这话会生气，然而日本的汽车就是给人这样的印象。意大利法拉利的商标是一匹跳跃的马。制造汽车真是全靠个人的审美意识。与这些汽车比起来，我有时候真觉得日本的汽车像一个会移动的四块半榻榻米大小的房间，大家一边吃着东西一边前进，而欧洲的汽车像是一匹烈马。差别就是如此之大。（笑）

我这可不是在说日本汽车的坏话，正好相反，日本的车不是不顾一切只管自己冲在前头的车，只是作为实现快速移动的手段慢慢发展，我觉得这对于未来的发展是有压倒性优势的。人们可以创造出避免冲撞事故的系统，导航系统也会不断得到进化。虽然大家都说F1是汽车速度所能达到的极限，但据说动力是电而不是汽油的话，汽车可以跑得更快。最终要达到的目标是汽车不需要驾驶自己也会动，不是驾驶而是移动。按照欧洲的构思的话这已经不叫汽车了，虽然如此，但是未来的汽车还是会朝这个方向发展。日本车虽说比较老土（笑），但是容易驾驶这一点是毋庸置疑的。

阿部：就算向日本的制造商提出很苛刻很零碎的条件，因为他们拥有水平极高的技术人员，所以不论在技术上、外形上还是价格上，都能很好地解决这些要求。这是谁都学不来的。只有日本人才会觉得日本车很老土，因为日本不会被汽车发源地的历史或者条条框框所牵绊，相对来说比较自由，这也有很多好处，也许副驾驶座这个视角会成为一个突破口。厨房也一样，我觉得如果以全新的构思，找到一个适合日本居住环境的原创答案，日本设计的厨房就能在世界舞台上绽放出耀眼的光芒。

原：我也有同感。也许日本造不出令人满意的厨房是因为日本的饮食生活太过杂乱，设计师们从中找不出共同点吧。

阿部：我觉得饮食生活本身就是一个不断尝试的过程。厨房是左右饮食生活的道具，也是饮食生活的一个载体。在世界各种各样的食品都涌进这个载体时，设计师们可能搞不清厨房的设计到底该反映些什么。不过，日本现在不是终于结束了尝试，认清了方向，逐渐确立起自己的饮食哲学了吗？

原：但是，现在日本人的生活方式发生了很大改变，在思考日本的厨房设计是否成熟之前，我首先感觉到的是家庭烹饪习惯的衰退。要是有勇气积极肯定到目前为止这种饮食生活的多样性，倒也是很好的一件事。

阿部：是啊。要是能确立起饮食哲学就好了。比如最适合以日式料理为主的家庭的组合厨房、最适合什么料理都喜欢而且孩子很多的家庭的组合厨房、最适合喜欢油炸食品的家庭的组合厨房、最适合几乎不自己做饭的人的组合厨房、日本原创的绝妙的组合厨房等，应该能想出很多。日本设计出好厨房的可能性是很大的。

实验：建设家庭

原：我觉得，在东京生活是很有意思的。在东京，住房被戏称为兔子屋，如何把家摆弄得有意思，是一个很值得挑战的命题。我试着自己动手装修新家后，对此有了更为深切的感受。

我现在住的公寓建了大概有二十年了，是我的妻子找到的。我根本就没来得及仔细考虑。那天我要赶早班飞机，前后看了大概十套房子。这套建筑是泡沫经济崩溃后留下的房子。一层非常宽敞，公用的院子也很大，入口是潇洒的日式设计。我看了有点动心，就说："我不喜欢这个公寓的装修，如果内部可以重新装修的话可以考虑。"妻子同意了。后来我把地板、墙壁、天花板、水池等全都给拆了下来，把公寓变成了空壳，房子的骨架、内部接线都露了出来。妻子看到这种混凝土都裸露在外的状况，觉得像爆炸事故现场似的，一气之下回乡下老家去了……(笑)当然这不是我自己设计的，基本的设计方案是由室内设计师杉本贵志（一九四五年出生于日本东京，著名设计师，武藏野美术大学教授）先生完成的。

阿部：你想要的是怎么样的一个家呢？

原：是那种有宽敞的起居室和狭小书房的家。在这个家里，我开始了一个实验，就是和喜欢不同风格的室内装修的妻子，一起经营生活。到目前为止，一直都像是我闯进妻子的空间并在那里住了下来。妻子在家的时间远比我多，所以情况对我很不利。

阿部：两个喜好不同的人住在同一屋檐下，生活中在细小地方的冲突是很有真实感的吧？

原：特别真实。我也不明白她到底是从哪里找来的那种花式蛋糕似的壁钟和垃圾箱的。她尽买那些东西回来。我要是说“别老买这些垃圾似的东西回来”之类的话，她肯定会很生气地说：“对您来说可能是垃圾，但是我看着就觉得安心，挺好的。”有时两个人在街上走着走着，她也会突然来一句：“看，那玻璃是波兰的呢！”妻子很喜欢朴素的波兰风格。其实那玻璃的形状很是奇怪。（笑）我要是说句：“再好好考虑一下吧。”她马上就会心情不好。当妻子想买她喜欢的东西时，我经常会说：“这样的曲线根本没有必要啊！”“要是买水壶的话，还是买最近贾斯珀·莫里森（Jasper Morrison，一九五九年出生于英国伦敦，一九八六年成立设计工作室，是二十世纪八十年代工业设计的代表人物）出的新款吧！”都在一起生活二十五年了，有时候连我也搞不清，她和越来越罗嗦、越来越挑剔的设计师一起生活，到底是高兴呢还是难过。

我的书房完全符合我的喜好。日式房间加榻榻米，三面都是书柜，所以显得很狭窄，仿佛被全世界拾来的乱七八糟的东西给围了起来。妻子的房间比我的书房大了一倍多，刷得洁白。在新空间里的生活才刚刚开始，由于两人的不同喜好引发的冲突还没有导致我们完全破裂。

阿部：我有两个朋友，他们是夫妻，租了同一所公寓的上下两层，楼上给妻子，楼下给丈夫。他们并不是分居，而是上下走动着生活，彼此的势力范围划分得很清楚，就像一座两层的独立房屋一样使用。虽然楼上楼下的房间布局一模一样，却是完全不同风格的家。我真惊讶他们居然能一起生活到现在……妻子的房间装修得好像是能上杂志似的，丈夫的房间则很像刚进过强盗。（笑）但是，幸亏这样处理，才使得他们的关系一直那么好。我非常感兴趣的是他们的孩子在两层楼之间来往，又会形成什么样的喜好呢？明确势力范围，应该是一个很现实的解决方法。

在现代中生活

阿部：现在的年轻夫妇在开始新生活时，听说会去无印良品买东西。据说是因为他们觉得与其满世界找，还不如去所有商品质量都不错的无印良品。

原：现在无印良品的产品种类已经达到七千种之多。仔细考虑一下，我总觉得没有什么家具是特别想买的。家具这东西还真是挺复杂的。之所以这么说，是因为我已经不是二十来岁的年轻人了，要买也只会想买大一点又显得稳重的餐桌，或是能轻松地支撑我超重不少的体重的沙发。我已经四十八岁了，不是即将开始独身生活的年轻人，要是勉强买了无印良品的家具，我的生活将失去真实感。但是，洗手液盒还是无印良品的最好，很多人都会觉得“啊，这个就不错”。毛巾和拖鞋也还行。无印良品的小百货还是很好用的，所以我妻子也不会抱怨。

阿部：消耗品不但价格合理而且规格还很齐全吧？

原：是的。白瓷系列的餐具就相当不错。酒杯使用起来也是很舒服的。水壶、锅什么的也可以，但是床、椅子、桌子之类的就有些不太适合中年人了。为了改进这个不足，今后必须做些更好的东西才行。而目前做的，大都是面向开始自己租房子住的学生、二十多岁刚结婚的人……

阿部：销售的都是年轻人开始租房子的时候才会买的家具吧？在欧洲，宜家是专门销售这种家具的。特别是在以前的西欧，学生们用的家具大都是这个牌子。一个意大利名牌家具公司的老板家里，也用宜家生产的垃圾箱呢！他从米兰搬家到柏林的时候，没法带走而送给别人的家具都是这个牌子的。因为在柏林，也能买到一模一样的东西，而且比运过去还便宜。宜家的产品是能循环利用促进消费的产品，从这个意义上来说，它的经营理念是很对路的。

原：但是到了一定的年纪，就不会再买这个牌子了。

阿部：这个牌子不能一直用下去吗？

原：与其说是耐久性的问题，还不如说是人们还没有朴实到用五万日元买的桌子过一辈子就能满足。毕业后要去别的地方时，一下子就去卡西尼(CASSINA，意大利顶级家具品牌，一九二七年由Cesare Cassina与Umberto Cassina兄弟创立）买东西了。比无印良品只好一个层次的家具是不存在的。所以喜欢无印良品的消费者，是不能接受大众口味的便宜货的。他们对于家具的品质比较挑剔。话说回来，那些年轻人去卡西尼或是B&B（意大利家具品牌，成立于一九六六年）买的话，一只沙发可能就要超过一百万日元，总之非常贵，狭小的公寓里摆着的家具价值相当于一辆宝马汽车。要是能纠正这种极端的状况就好了。至今为止，无印良品的沙发，不是最高级的也要大概五万到七万日元，当然用的材料是很好的——既然是希望制造高级产品的日本制造商生产销售的东西，一定用了比较昂贵的材料——坐起来很舒服。它们是无印良品的东西，所以大家并不会因为五万日元这个价格而惊讶。与卡西尼或是B&B相比当然算是便宜。人们总是不喜欢最便宜的东西，硬着头皮也要去卡西尼或是B&B，而且还会说上一句“原来如此”，显得这个高价是可以接受的。我倒是觉得这种基本的高级家具品牌有一两种也还不错。

阿部：的确，任何家庭里都会有沙发，但是沙发原本就不是日本生活文化里的产物，房子又是租来的，所以才会出现各种价格、不同种类的沙发。这说明日本使用沙发的生活方式还相当不成熟。

原：所以宜家的东西才会有市场。

阿部：在某种意义上，宜家就好比是瑞典产的无印良品。说到便宜，也自有它便宜的理由。顾客要把车开到郊外仓库似的店铺把家具买回来，再自己组装。宜家把家具生意里成本最高的仓储、送货上门的费用、组装费、市区店铺的租赁费最大限度地省下了；同时它的生产和运输也安排得十分合理，产品的质量也还过得去，若是组装得好，也有可以一直使用下去的东西。但是宜家还无法生产出符合其他国家规格的商品。能真正使日本人很惬意地生活的必需品，原先生通过无印良品能接触到一些吧？

原：无印良品的设计师们现在正拼命地想接触这部分的商品呢！无印良品的设计来源就是生活，它最想回答的问题是"如何在现代中生活"。也许能买到便宜货也是很有吸引力的一件事情，但便宜的材料和人力成本自有其限度。我认为无印良品完全面向都市生活，而不是面向空间比较宽敞的农村或是郊外生活。宜家的国际化原材料供应系统虽然值得尊重，但是只靠便宜已经满足不了我们了。那么我们靠什么得到充实感呢？在当今世界，我们必须找出日本式住宅空间的特色，而且一定可以找到。

阿部：是与消费周期完全吻合的产品吧。

原：都市的混乱是一个大前提。在东京这个混沌之地，必须以创造性的姿势回答"如何在现代中生活"这个问题。我觉得对生活方式的思考将成为打开新局面的源泉。到目前为止，"没有空间、没有空间"一直是日本人的口头禅，另一方面，日本的人口开始出现负增长，渐渐地，建筑的抗震能力变得很强，楼也越盖越高，因此慢慢地产生了一点多余的空间。日本对于抗震的要求非常严格，公寓还是相当结实的。和欧洲相比，建筑的平均年龄异常年轻。这些二十世纪八九十年代建造的居住空间，相当一部分被称作“都市的库存品”，都是一些很好的建筑。也就是说，现在日本的建筑面积大了很多，居住空间也有一些富余。

我自己实际经历过后才发觉，除了房子的外壳，里面全按照自己的意思装修，是一个可以更经济地得到空间的现实方法。因为就算是新建的公寓，大多数室内装修都是很快就会脱落的便宜货。知道这种实际状况的建筑师们，是不会买马上需要拆毁室内装修的新公寓的。虽然独立的平房很吸引人，但是都市内已经没有这么一大块空余的地方了。如果是独立的平房就想往上盖，最终变成了两层、三层的房子。住在一层的宽敞房子里是很舒适的。如果住公寓的话，可以找到比较宽敞的一层的房子。注意到这一点的人，都开始自己装修房子了。当然，把房子变成空壳有点让人感觉如坐针毡，会因为担心能否做好而不安，得稍微拿出点勇气才成。更重要的一点是要自己来考虑自己未来的住处的样子，需要更多的精力。但是我认为能顺利完成这项任务的人才是推动东京生活的人。

对于人们在东京的生活，设计之所以能提供帮助，是因为它跟生活息息相关，更是因为它能提供有用的信息。要是由住户本人来设计住家这种情况能够更加普及，就可以向世界展示只有拥有混乱背景的东京才可能存在的有趣的生活方式。

阿部：我也认为如此。因为东京每天都在变化，必须适应环境才能生存下去，所有人的生活中都有实验的部分存在。在装修房子的时候，究竟该留下什么？什么又是不需要的？时代需要我们再做出一次选择。要是能培养出能感觉到这些东西的新价值的一代该是多么好的一件事啊！

同润会：集体公寓的好典型

阿部：欧洲现在还留有罗马时代和之前的建筑物，不论是公元前建造的都市，还是五十年前刚建起来的都市，都还能看到。如庞贝古城（意大利古城）等，虽然是两千年以前的都市样本，但是那里有现代生活的原点。在日本人看来，凭借令人惊讶的执著是可以留下一些建筑物的。比如经过二战战火洗礼的建筑，也能通过经常性的修理得以维护。而石造的建筑就算是被炸毁，还是能像堆积木一样重新堆积起来，恢复原样，因为没有湿气，所以不会腐烂。我们要让这些古迹自然地、更要人为地存在下去。但在欧洲的都市里，人们认为财产的价值不在于土地而在于人们建造于其上的建筑。所以欧洲人一边参考着被保养、维护着的样本，一边建造着新的建筑和都市。

日本在关东大地震之后，为了建造牢固安全的住宅，同润会（建于一九二六年，当时由于日本关东大地震，东京许多居屋遭毁，为了重建东京，日本成立了财团法人同润会，建设了一批公寓）的公寓作为集体公寓的模型被建造了出来。这是日本最早用钢筋混凝土建造的公寓，应该说是很好的样本。这些公寓，包含了在东京这个大都市里、在集体公寓里生活所需要的智慧和窍门，也包含了许多对生活的幻想。好不容易保存了近八十年的建筑，后来却全部被轻易地拆毁了。现在能被当做样本参考的实物都已不存在了。

原：阿部小姐，听说您好像在代官山的同润会公寓里住过一阵子。我的老师高田修地有个事务所也在那里，我读研究生的时候在那里帮过忙，所以经常去。

阿部：是吗？我房间的正对面就是高田老师的事务所呢！

原：说不定我们是同一时期在那里呢。我经常用睡袋在那里过夜。

阿部：高高的天花板、匀称的门，这些都是欧洲风格的呢。同一座建筑里面，还有原先作为舞厅和食堂的地方，对面是很现代化的公共浴室。每一栋房子连楼梯的扶手都极富个性，绿化得也很好。晚上还能听见猫头鹰的叫声。我的房间虽然只是个有两个凸出窗台的狭小房间，天花板却大概有三米半高。住在那里的时候，那些惬意和满足，从某种意义上来说是来自于房间里容纳的大量空气。因为就算面积相同，要是天花板很低的话，会令人有压迫感。但现在大家都只关心房子有多少平方米。我觉得要是能用体积单位来衡量生活空间的话，富余的空间会增加很多吧。

分享比拥有更重要

阿部：住在集体宿舍里，很重要的一点是你能与他人分享些什么。特别是在日本这个国家。在狭小的国土上住着这么多的人，与他人分享些什么是使日本变得富足的根本原因。

原：能分享些什么，又能分享到什么程度呢？

阿部：是啊。在柏林我住在建了五十年的集体公寓里，那里的每一栋集体公寓都有公共洗衣的地方。同一时期在郊外建造的勒·柯布西耶(Le Corbusier，一八八七～一九六五，瑞士建筑师）设计的马赛公寓大楼（Unite d'Habitation）也是一样。因为公共洗衣的地方有洗衣机和烘干机，自己家里就不必买了。每天都要使用的东西可能必须买，但是像洗衣机这些不是每天都要用的东西，既然有公共的，就不必什么都往家里买了。那个时候的建筑师，大体上都可以算是社会派人士，他们很明白使聚集在都市里的人生活舒适的规则，他们把这些都融入建筑设计当中。

一家一台，人手一台，这可能是以前大量生产、大量销售时代的目标，但是今后绝不是要每一个人都去买一个便宜货，今后追求的是虽然价格昂贵，但是质量很好，使用寿命又长，并且可以多人一起分享的东西。这才是真正高级的东西，或者说这才是值得拥有的东西。真正高级的东西通常成本不会很低，住家也是一样。如果只是取一些诸如GRAN、Excelsior、Villa、President这样听起来似乎很高级的名称，在建筑物上镀一层金，塑造所谓西洋式风格是无法掩盖其文化与思想的贫乏的。我现在住的集体公寓虽然外观朴素，但有公共的自助食堂、舒适的洗衣房，还有虽然小却绿化得很好的庭院，不论从哪套公寓都能看见那个小花园。除此之外，这个集体公寓的名字，好听得以至于我每次写住址时都会禁不住高兴起来。希望这些都能成为高级的标准。

原：我家的公寓也有个类似的名字哦！每次写住址都会出一身汗。（笑）

阿部：至少名字得好听，这也算是公共财产啊。但是起名字这个权利，也差不多该让给下一代了。

原：什么样的名字才好呢？

阿部：希望能再一次启用动听的日语。

原：武相庄、落柿舍、诗仙堂什么的怎么样？

阿部：不错啊。日语中真是有很多意义丰富、听起来又好听的词汇。这个地方也能发挥一下创造力就好了。

原：确实如此。私人空间可以反映自己的意志，公共的地方却不行。有的地方还会在石头上用过分细腻的文字刻上一个又怪又没有气势的英文名字。

阿部：也许到现在为止，这算是一个富足、共同拥有的象征吧，可以当做时代的一个潮流一笑置之。以后的设计师大概不再会觉得这些名字有什么好了。所以，今后的名字一定会变得更好。

原：最近公共住宅好像挺流行的，在那里设置公共的桑拿浴室、露天温泉什么的怎么样？

阿部：对啊对啊！要是能一点点地往这个方向发展，逐渐发现一种新的满足感就好了。要是公共浴室能复活，那家里的浴室只需要有淋浴和洗手池就好了，就能留出更大的空间。我认为现在希望建造公共住宅以及住在里面的人，都是觉悟很高的人。他们的这些举动，让我感觉到了希望。日本的大街上，本来就有很多公共澡堂、弄堂等公共空间，就算外观和名称改变了，还是可以回到以前那种简单的样子。我觉得我们应该拒绝照搬欧洲的建筑风格，建造一些内容上比较原创、既标准又崭新的典型现代日本建筑了。

未知的“和”

原：我觉得这种意识确实在发生着变化。在日本，最高级的食物是日式料理。细细品味日式料理对日本人来说大概是最奢侈的事了。现在人们都开始觉得能住在日式房屋里也是很奢侈的事情。但问题是，人们的生活方式和行为都已经和日式房屋不相称了。

阿部：现在，在东京想在完全的木造日式建筑里舒适地生活是非常困难的。稍微保养一下房子都得花不少钱……

原：空调也不怎么起作用。完全保持古老的风格确实比较难。

阿部：但是，原先生您自己装修的书房就是日式的吧？一定有很多人觉得日式房间是最舒服的。

原：古老的民房也很有魅力。能看到房梁的那种房子真是让人向往。有时听到由于城市化道路扩建什么的，有些人不得不离开他们的古老民房之类的消息，那个时候我总是想，要不把那些民房买下吧！如果把里面的柱子拿来，用来做新家的骨架，然后就可以住在像样的日式房子里了。这样的房子不是仅有日式风格，而是真正的日式房子。

阿部：毕竟日式房屋是可以搬迁的，树是活的嘛！

原：柱子和房梁什么的，这些材料的力度感真是不错啊。我觉得把这类材料和现在经常使用的材料一起使用也能有很好的效果，室内设计师吉冈德仁在前不久就设计了一间这样的房子。

阿部：不仅对于在东京这样一个由钢筋水泥建造起来的笼子里成长的我，甚至对比我年轻的人来说，所谓真正的“和”绝不是一种复古。觉得很怀念，又无法靠近，所以才感觉……

原：感觉是一种未知的东西吧？

阿部：是的。所以，年轻人才会更积极地想出与单纯的日式风格不同的作品吧。

进屋必须脱鞋

阿部：我稍微观察了一下柏林学生们的生活，有不少人不买床，就睡在铺在地上的被褥里。鞋子也是在进屋的时候就脱掉了。但是因为地板比较硬，还是会换上室内穿的鞋。我觉得这样好像有点妥协的感觉。

原：脱掉鞋子是一个非常好的习惯。很舒服，而且很清洁。

阿部：是很清洁。对于怎么样才清洁，欧洲人和日本人的认识相差很远。在欧洲，除了床，其他地方基本上属于公共空间。这意味着不论什么时候客人都可以进来。日本人认为只要一回到家，只穿一件短裤都没有关系。（笑）把鞋脱掉这个动作，是为了可以放松。日本人不论看上去如何欧化，这一点是不会改变的。

有一次，有本杂志拜托我做一次模特，一边看书一边坐在一只很舒服的沙发上，据说拍的照片还要上产品目录。作为报酬，他们会送我一张zanotta（意大利品牌，创立于一九五四年）的椅子。那时候我很自然地就把鞋脱了。后来，当时担任《起居室设计》杂志总编的桥场一男先生对我说："阿部小姐，您把鞋子脱了呀？"我这才反应过来。果然我身上还是有作为日本人无法妥协的部分。日本人是无法穿着鞋在沙发上休息的，因为没法躺下。这一定是因为在我身上有着坚定不移的日式思维。相反，对于欧洲人来说，让他们在自己家以外的地方把鞋子脱掉简直和让他们在屋外赤身裸体一样。要是在自己家里可能还好，但要让欧洲人把和衣服搭配得很好的鞋子，在办公室或是工场等地方脱下来，他们会特别扭捏。因为他们没有想到会在外面把鞋脱掉，会担心袜子有破洞或者是被发现鞋子不合脚。

原：这也有气候的原因吧。日本因为高温潮湿，不脱鞋是受不了的。我一直在考虑，买什么样的沙发才比较好呢。现在家里用的是相对大一些，能够伸直双腿很舒服地休息的那种。

阿部：如果请您重新彻底考虑一遍怎样装修新家的话，这次您会扔掉什么并购置什么呢?

原：嗯……购置被炉吧。被炉在以前的家里发挥了不小的作用。冬天一把被炉拿出来，它马上成为生活的中心。沙发的前面放着被炉，我总是莫名其妙地觉得被炉比沙发更好。(笑)

阿部：啊，可以把沙发当靠垫（笑)。

原：是啊，这个习惯到现在还改不掉。把沙发放在地板上，然后坐在地板上背靠着沙发，我常常无意识地选择这个坐姿。这样坐着视线很低，让人很平静。我经常这样坐着看书或看电视。

阿部：头顶空间大的话，相同大小的地方会让人感觉更宽敞。

日本居住方式的规范

原：日本在最近的一百年，没有形成关于居住方式的规范。明治时期日本改变过一次生活方式的大方向，之后也一直有所变化，但是至今还没有弄清究竟什么样的生活方式才最适合日本人。关东大地震之后，西山卯三（一九一一年生，日本建筑学者、建筑家）先生在设计一室一厅房子的时候，的确是认真研究了日本的居住空间，同润会的公寓可以说是他设计方向的延长，是不错的。可之后一室一厅这个概念完全变成了房地产业界的术语。我们找不到介绍“如何在现代中生活”的好教科书。房地产的宣传单似乎成了教科书，不断给人灌输“欲望教育”，人们虽然有买下三室一厅房子的欲望，但是好好经营自己生活空间的欲望却稍稍有些淡薄。

阿部：从这个意义上来说，我认为创造一个理想的生活模型也是设计应该涉及的工作。先不管类型，做好基础研究，创造一个模型，不断征求消费者的意见，细细推敲直到能完全吻合他们的要求。生活方式总是以某种东西为参考进行普及的，所以创造模型是非常重要的一件事。最初的模型水平很高的话，就算被重复使用很多次，也不会很快下降。因为模型里包含着设计师的力量。不管怎样，就创造生活方式的原创模型来说，日本处在一个很有意思的地位。世界上许多国家都有他们各自的生活方式，都市生活正渐渐成为一种物质文化。不管哪一个都市大体都是按照同一个规律在运行，所以欧洲生活方式中的那些无足轻重的部分里包含着的答案，出现在日本的可能性很大。特别是由于日本各方面条件都非常严格，日本大都市给出的答案，有可能成为世界通用的具有普遍性的答案。

原：确实如此。现在到处充斥着随意拆毁都不可惜的公寓，所以只要在好好利用房子外壳这个理念的指导下，重新进行室内装修就好了。我认为现在的东京，是有大力推行这个做法的环境的。如果是建了几百年的欧洲石造建筑，里面就没有那么容易被改造。比如会出现由于构造的原因无法将墙壁拆掉等问题。但是，我认为欧洲人为了住在这些建筑里也想了很多办法，您怎么看呢？

阿部：在意大利，“把建筑破坏”本身就是不现实的。建筑物受到法律保护，就算是房产的拥有者，也不能随意损坏哪怕一堵墙。比起拿到建造许可，要拿到拆毁许可更难。所以比起建造新建筑的技术，欧洲人的改造技术更为先进。我在米兰的工作室设在一幢建了一百八十年的建筑里，这建筑的墙壁最薄的地方也有七十厘米，作为工作室再合适不过了。就是里面的装修太差，搬进去的时候把厕所的地板和墙壁都拆了下来，包括管道在内全部重新装修了一遍。把墙壁的瓷砖剥下的时候，我还发现了两层不同颜色的瓷砖，后来连封在这两层瓷砖里的石制门框都露出来了，改造都快成发掘了……（笑）当我发现房间的中央堆起的瓷砖像座小山时，一边冒冷汗一边问自己这里真的要改造成工作室吗？但等到打扫干净后，好像什么都没有发生过一样，一切都非常干净。

之后，我搬家到柏林，这是和东京一样曾经遭到毁灭性打击的城市，所以二战后的建筑比较多。我觉得从这个意义上来说，柏林是和东京最相似的欧洲城市。

原：您现在住在奥斯卡 · 尼迈耶（Oscar Niemeyer，一九〇七年出生，巴西著名建筑师）设计的建筑里吧？

阿部：它是作为二战后德国最初的都市集体公寓的模型于一九五七年建成的，地处汉萨特（Hansaviertel）集体公寓区里面，二战中这个地区遭到了严重的损毁。这里是欧洲市区非常珍贵的空地皮，所以有人提议在这里建造适应新的生活方式所需要的设施。当时世界上的顶级建筑师，如阿尔瓦·阿尔托（Alvar Aalto，一八九八～一九七六，芬兰现代建筑师、设计大师及艺术家）、雅各布森（Arne Jacobsen，一九〇二～一九七一，丹麦建筑师、设计师）、沃尔特·格罗皮乌斯（Walter Gropius，一八八三～一九六九，德国现代建筑师和建筑教育家）、奥斯卡·尼迈耶、马克斯·托特（Max Taut，一八八四～一九六七，德国建筑师）等人，根据基本的构思，每人设计了一栋公寓，现在那里共有低层、高层集体公寓二十二栋。建筑的外观各有特点，是因为那些提议不是有关建筑风格的，而是关于生活方式的。一流的建筑师们集合他们所有的力量，以实际的建筑给我们提出了建议。这些建议就是在五十年后的今天还是崭新的，依然在发挥着重要的作用。正因如此，其得到的保护非常到位，不论是导线，还是基本设施的均衡性或风格本身，我都觉得非常完美。

我小时候住在当时最新的公寓里，之所以说它最新，是因为有电、煤气、自来水、垃圾井筒、带不锈钢水槽的厨房、抽水马桶（笑）等代表现代化的东西。来德国之后，我切身体会到，原来东京集体公寓生活的原点是这里。我不由得有一种怀念的感觉，而且这种感觉很自然。在欧洲，人们觉得建了五十年的建筑才刚开始成熟，因为培养一种环境是需要时间的。考虑生活设施时，至少要以与自己的人生差不多的周期来考虑，才不至于碰到很多难以解决的问题。设计一些能给五十年后甚至是一百年后的日本人做参考的生活方式，并花些时间去验证以找出新的答案，是非常有必要的。

日本独特的富裕

原：我很期待阿部小姐回东京从事设计工作，在东京的话这个工作值得一做。日本是一个很独特的国家。有一千好几百年的历史，还施行了三百年的锁国政策。因为是在亚洲的最东端，才得以锁国如此之久。但是一开国，马上改变方向，把旧的东西全部舍弃，开始进行欧化。虽然是很难的一件事，但还是成功了。

阿部：真是得天独厚的一片土地。因为潮湿，既使什么都不做，植物还长得这么好，就像把蚂蚁放到稍微温暖潮湿的地方就能繁殖出很多一样。（笑）日本人还真多啊！据说讲日语的人数排世界第九。我们一直都认为日本只不过是世界上一个小岛，这么想也是有原因的——旁边有个中国，太平洋的另一边还有美国。但是出国之后才发现，日本也算是一个大国。亚洲的生活方式和对于富裕的理解都与欧洲有根本不同。

原：亚洲的边缘这个位置是非常特别的。而且，这一百年来我们的经历很可怕。战败，还被投下了两颗原子弹，失去了两座城市。电影里经常会出现如同虚构似的描写被投下原子弹的城市如何消失的画面，但是日本是真的被投下原子弹的国家，背负着失去两座城市的事实，之后拼命努力，虽然以迅猛的气势实现了经济高速增长，但是也引起了公害，比如海水污染和化学烟雾。现在再去看那些影像资料会很震惊，虽然是不小心，但我们曾经如此践踏过自然。但另一方面我们也积极发展恢复环境的意识和科学技术，现在，河流里又有了鲑鱼，东京的公园里也有了很多野生鸟类，这应该归功于日本国土的大部分是山，而且温带季风气候的自然环境具有相当强的复原能力。

在经历泡沫经济后，我亲身体会到了财富这个东西的虚无和脆弱。我切身体会到被投机所左右的财富是多么危险和缥缈。反复回味日本人这一百年来的经验，虽然非常严酷，但正因为经历了这些，日本才有了今天的成就。在满是粗线条欲望的土地上，是无法生长出精致的作物的，也无法结出美味的果实，也就是说无法产生令世界羡慕的洗练之美。从这个意义上来说，由于日本的经历非常严酷，有可能看见一些对今后的世界来说真正需要的东西。

财富：绿色和湿气

阿部：是啊。日本应该重新审视自己独特的文化，并做出冷静的评价了。已经到了再一次花时间创造适合自己的生活和适合自己的东西的时代了。

原：我觉得很多方面都已经开始动手做了。

阿部：但是，从文化角度还有经济角度来说，如果不能很好地培育“作为生活空间装置的都市和建筑都是公共财产”这个意识，不仅作为战略的都市计划没有办法完成，也没法培养能够完成都市计划的建筑师。没有一定基础的地方，只能说是高级贫民窟，特别是东京等地，给我的感觉是在二战后乱糟糟的贫民窟上堆积了一些高级的东西而已。就算有一些江户时期的根基，但就都市构造来说还是比较弱的。

原：高级贫民窟啊……

阿部：无数一生都背负债务的日本人住在这里。水都不洒绿化就能这么好，这简直是能和石油匹敌的财富。但是很多日本人完全没在意这点，却花大价钱从岩石都裸露在外的国家买来大理石，铺在玄关和厕所的周围。（笑）虽然德国也有很丰富的森林资源，但那都是种出来的。法律规定砍一棵树就必须种一棵，所以德国的森林是在法律的严密保护下才形成的。我房间的窗户可以看见柏林的蒂尔加藤(Tiergarten)森林，会发现整个夏天淋灌装置都在往森林里喷水。不这样的话，草地和森林都会枯死。欧洲的植被如果不这样保护就不行。但是只要加以保护，无论是植被、水，还是树荫、氧气都能被创造出来。所以欧洲人很珍惜这一切。看到这些，我觉得把日本的绿色和湿气更多地当做一种财富、一种都市空间的设计，也是很好的。

东京皇居的森林是被保护的，还有因为植树造林而长成的神宫森林，也是一个很好的例子。说到再开发，日本人尽想着要把商业设施建得拥挤不堪，以此来大赚一笔，保护意识比较薄弱。蒂尔加藤森林也是五十年前才在烧得光秃秃的原野上种出来的，以前只是一块几乎没有什么树的平地，仅仅过了五十年就成了一片森林。我已经活了四十四岁了，也没有变得多伟大，但是森林，就算只是一片需要每天都浇水的森林，居然能成长到这个地步。体验到这些后，我觉得就算从现在开始做，在我有生之年，在日本都市中创造出令世界羡慕的富足也不只是个梦想。因为我是日本女人，活一百岁左右应该没有问题，想到这些，我就觉得充满了希望。

原：真希望有更多的人能跟阿部小姐有相同的经验啊！最近六本木的都市开发就是遵循了勒·柯布西耶的垂直式田园都市的构想，即把楼房造高以争取更多的空间，实践把空着的地方加以绿化的想法。但是不清楚开发者是否意识到了欧洲和日本在绿化方法上的差异。重要的是关于欲望的教育，不论是森林还是公共空间，也许是体验了好的实例才会出现高水准的欲求吧？

阿部：是的。有好的例子，就会有模仿的人。大家都可以来模仿。所以创造这种可以被模仿的先例就变得非常重要。

书院造

阿部：这里就是原先生的书房啊，是您的天地吧？

原：是榻榻米房间。桌子底下我不放任何东西，这样坐着双脚就很舒服。在家的时候我大多数时间都待在这里，就像自己的专用舱一样。我在家的时候经常写点东西，因为是用电脑写，老是保持一个姿势很容易疲劳，所以我会在这个房间的很多地方以各种姿势来写。

书房和拉门的窗相对，建筑风格是书院造。桌子是我进大学时自己设计并制作的。进大学的那年我爸爸去世了，所以那时没有什么钱，但是我很想要一张大桌子，那时老家冈山有个爵士茶馆，正好那里的老板是个出色的木工，于是我拜托他帮我做了桌面，并寄了过来。桌子的脚是我自己做的。把买来的木板做成叠字符号的样子当成桌脚，再在上面放上桌面，就这么用了。这张桌子就好比是我的设计初衷。

在新的书房里，本想这次该新做个美国樱桃色的以栎树为木材的桌子了，但是最终还是舍不得扔旧桌子，接了新的桌腿后，把它固定在书房紧挨着墙的地方。材料是柳木，虽然是比较廉价的材料，但是把它漆成黑的就跟新的没有两样。

我很希望家里有一块可以随便躺下休息的空间，于是在桌子边铺了琉球榻榻米，这是一种没有边的很紧实的榻榻米。还铺了麻的坐垫，还把桌子下面改成了被炉。感觉到累了可以随时向后躺下（笑），休息一下，再起来继续写。坐着一伸手就能拿到书，最下层的书和我的坐垫处在同一高度，所以不用蹲下来找，我像长臂猿一样，一伸手就可以拿到书柜里的书。只要环视一下，我基本上就能找到需要的书。很大的彩页书什么的都放在办公室，这里的书都经过了严格筛选，是我真正要读的书。能够这么方便地取阅这些书真的令人心情舒畅。

要是累了就坐到沙发上休息。把笔记本电脑放在膝盖上，写的时候还要把电灯调暗，这样也能写上好久。因为厨房橱柜旁也有电源和网线，所以有时候也会在餐桌上一边吃早饭一边上网。我会在家中很多地方写东西，可以称我的家为“创作之家”了。

阿部：您考虑了这么多，最终选择了书院造，真是很有意思呢！

原：仅仅是书房啦！把门做成了日式的拉门，一打开就可以看到院子里的树木。以前，在拍慈照寺（即银阁寺，京都有名的寺院）东求堂的照片时，觉得很不错，就参照了那里拉门的框架大小以及间隔宽度等等。由于拉门和玻璃门的区别非常大，所以家里的采光也变得很好。

阿部：听在自己家中做实验的人这么说，真是非常有说服力。

桐木做的衣柜

阿部：在搬进现在的家之前，您还在什么样的房子住过呢？

原：进了大学后开始在东京生活，那时住的公寓大概有六张榻榻米大小，带一个厨房，在澡堂的投币洗衣机里洗衣服，洗完澡把脱好水的衣服拿回家晾起来。虽然搬过几次家，但是房子的大小没有什么变化。研究生毕业后马上就结婚了，那时也只是租了中高层集体公寓的一间木造的阁楼。我妻子还真拿了一个桐木做的衣柜来（笑），所以对我来说，桐木做的衣柜是一个最初的威胁，因为不得不把它放在家里啊……

阿部：里面装的是和服吗？

原：我妻子在从事京友禅工作时穿的和服把里面塞得满满的。接着她就开始考虑：在摆设简单的家里，要不要再买些衣柜、鞋柜什么的。我是希望尽量不要买东西，但是妻子的妈妈担心，怎么能把女儿嫁到连鞋柜都没有的人家，所以我只好勉强同意了。我和那些家具在最近一次搬家之前一直在一起。那之后也搬过两次家，都是住的公寓。我从来没有自己装修过或是改变过公寓的构造。

阿部：您有一个儿子吧，家里总共就三个人吗？

原：儿子已经开始独立生活了。我二十五岁的时候生的他，在他大学三年级的时候我建议他开始独立生活，于是他就搬了出去，在大学附近租房子开始一个人生活。所以我又回到了和妻子两个人的生活，这才想到要不要再搬一次家。

阿部：这次搬家之前的房子怎么样？

原：在公寓楼的一层，带一个朝北的小花园，是很安静的房子。我想在花园里种点草，于是把里面的混凝土、小石块什么的全都挖了出来，种上了草和其他很多植物。有时还把桌子搬到那里，吃个饭或者写点东西。在那个家里有许多这样的回忆。

阿部：给您印象最深的是哪个房子呢？

原：每一处房子都差不多吧。一定要说的话，就是伴随孩子出生和成长的中高层集体公寓与有小花园的那个房子吧。那里有孩子上过的幼儿园、经常光顾的烤年糕店、圣诞节经常去买蛋糕的甜品店……因为孩子，我们跟那个地方有很深的感情，所以要离开那里是很难的。

阿部：生活的回忆啊……

原：是啊，对我来说，孩子出生和成长的家就是我的故乡。现在的家是我的一个实验。用自己掌握的知识来细细赏玩地板的材质，试着自己做一个水盆，琢磨着墙壁上是不是涂上石灰比较好，铸模的泥心应该怎么处理等等。我很想摆脱为他人作嫁衣裳的境地，为自己设计一个美丽的住宅，怎么都无法按捺住这个想法，真是没办法。在这之前，我觉得藤森照信（一九四六年出生，日本建筑史家、建筑家、工学博士）先生落落大方、充满欢笑的家很不错。

让我爱上大扫除的家

阿部：在这个原先生自己设计的家里，您对生活的希求体现在哪些地方呢？

原：最基本的是能认真地打扫、认真地对待生活。做设计这行，并不意味着一定要住在很华丽的家里。但做这行，就必须时时关注崭新的室内装潢和各类生活用品，还必须得到相关的信息。这也不是意味着设计师必须成为一个起居室通。可我还是希望自己拥有能通过感觉一个水龙头的舒适程度，想到

"世界财富何去何从和资源、创造的未来"这样的想象力。中原中也（一九〇七～一九三七，日本诗人、翻译家）在日记中写过这样一句话："设计，设计？这种东西还不如拿去喂狗。就如唱歌这个行为，除了唱歌什么也不是。"正如他所说，设计这东西说不定真可以拿去喂狗，但是我却一直在对它进行思考，所以我才能不卑不亢。有这样的态度是很重要的。我觉得不能把家里搞得一团糟，好好地住在里头才是根本。

我还希望有一个空间可以仔细品味从旅途中带回家的东西。不需要很花里胡哨，把东西拿出来就可以专心致志地观赏的地方最好。阿部小姐也这么认为吧，希望有生活空间可以放下自己觉得好的东西，大概就是这样。

阿部：生活用品也全都换成新的了吗？

原：沙发和餐桌为了配合新房子的大小买了新的。但是餐具，比如刚来东京时在西友百货买的大碗什么的，还在使用，舍不得扔，也没有扔掉的必要。我也有把家里的东西全都换成我喜欢的冲动。因为我连一次性买很多餐具的经验都没有。家里的餐具很多都是别人送来的礼物，渐渐地越来越多。比如结婚时的贺礼、出院时收到的礼物、到全国各地去时收到的各地特产，还有陶艺家、漆艺家送的很贵重的礼物。我和妻子在饭桌上用的这点东西大都在里面了。另外买威士忌的时候送的酒杯、买面包时还中奖得到了个白色的碗什么的。（笑）

阿部：您都在使用这些餐具吗？

原：买威士忌送的杯子基本上都放着呢。(笑)

阿部：那些东西就是摔到地上也不会碎吧？(笑)很喜欢的杯子却很容易就碎了。

原：真是这样。现在处理掉了一些，但是喜欢的我都留着，没有新买的必要。对了，最近我买了一套喝葡萄酒用的酒杯，一直没有一套像样的。在家不太喝葡萄酒所以都用不是很好的酒杯。但葡萄酒真的会因为酒杯的好坏连味道都不一样。虽然懂得这个道理，却一直没有在自己的生活中做到这一点，我觉得这样下去不行，所以买了一套。现在在家喝的葡萄酒味道更好了。像这样，新家的生活终于上了轨道。

阿部：真的开始新的生活了。

原：首先应该好好利用自己的生活空间。好好打扫卫生能培养对家的爱，擦擦窗户也能觉得很痛快。这样的生活是不是最好的，还要过一些时间才能知道。也许起居室太大了，也许书房不应该设计成日式的榻榻米房间。坐在榻榻米上写东西需要无腿靠椅这件事，我是最近才知道的。

阿部：果然还是需要时间啊。

原：需要时间。最近终于渐渐得到妻子承认的是厨房的水槽和料理台分开的想法。来客人的时候，把啤酒、红酒往这个体积稍小的水槽里一浸就能代替冰箱。买了花也可以直接放在里面，如果要放在花瓶里，用喷头式的金属水龙头换水也很容易。妻子学过一阵子插花，所以整天在水槽里摆弄，搞得我哭笑不得。生活中水的位置发生改变的话，是一件相当重大的事情呢。

阿部：是啊，水的位置发生变化，会对生活产生重大影响。正因为人们没有意识到所以更加可怕。拿水龙头来说，德国的高仪（GROHE）公司在制造水龙头的时候，把水和空气如何混合、混合着空气的水碰到肌肤会产生什么影响等问题都研究得很透彻。只有在把水看得很贵重的国家才会研究得这么深奥。

原：我家使用的是当代（DORNBRACHT）的水龙头。德国的金属水龙头出水的感觉很好。厨房的水龙头是丹麦的雅格布森的作品，比较普通，普通的跟空气一样。

虽然日本的东西也越来越好了，近几年外形变得很性感，但是带净水器什么的过于复杂。啊，说起来就没完没了。厨房也得用一段时间才知道好不好。有时候会把起居室弄得很乱，好在经常打扫。要是能在这个家住很多年就好了。

阿部：怎么样住才觉得舒服方便，个人的差异是很大的。每个人在出生的时候很多习惯就跟着他了。对于自己来说什么才是最好的生活，不花些时间是找不到答案的。原先生您的书房，一个人待在那里大小正好吧？在这个封闭的空间里不用被周围的事物左右，很像一个茶室呢！比起狭小，我们推崇宽敞，其实适当的狭小，让人安心的狭小是让人心情良好的根本。这个书房在

原邸 书房

某种意义上，可以作为一种普遍的答案。今后就算再搬家，也可以起一点参考作用吧？

原：也许吧。自己的书房，好比在家里给自己又建造了一个家。因为家是和妻子共用的场所，两人共用着公共的家。但是我经常躲在自己的“小家”里，妻子也有自己的“小家”。我洗完澡在她房间的床上躺成一个“大”字的时候，她就会训斥我：“这里可不是您能这么随意躺着的地方。”

二〇〇六年八月一日　　于原邸

柏林篇

第五章 | 设计与研究会

追求舒适生活

原：真是森林中的房子啊！

阿部：是的，我现在的确是在柏林正中央的森林中生活，住所的周围到处都是野兔呢。电影《柏林苍穹下》（*Der Himmel über Berlin*）中那个名叫维多利亚的金色天使仿佛就在我的对面，我是在她的守护下生活的。（笑）

原：这真是属于您自己的空间啊！这么多小东西，看来您是喜欢收集琐碎的小玩意吧？

阿部：都是一些捡回来的果实和小石头。您喜欢在身边放古董，我也喜欢在身边放几样自己中意的东西。把喜欢的东西放在随时能看到的地方，不知不觉之中就会充分理解它们的精髓，对自己的设计产生影响，这很像是一个把思想形象化的过程。您有这样的感觉吗？

原：当然有。虽然不知道是为什么，但是长期把一件东西放在身边，就能汲取其中的精华，渐渐融到自己的感觉中。最后就会觉得确实是充分理解了。

阿部：这是我在欧洲住过的第七所房子。因为我喜欢看建筑，所以一听说有要出租或者出售的房屋，我就会马上跑去看看。在米兰的时候，我转过大约五百间左右的房屋和公寓，现在这个住所当时大受欢迎。厨房什么的，每次我都会自己设计，不过这次做得格外用心。在刚开始从事建筑这一行的时候，我强烈地感到自己缺乏设计优秀建筑的经验，就在锻炼过程中不断摸索。现在想来，这种强烈的愿望是出于自己对于舒适生活的追求吧。客厅是接待客人的，但是再想一想这个最大最好的房间在没有客人的时候不用就太可惜了。这个是我以前自己设计的可拆装的沙发，有点像是西方的榻榻米，夜里就把它打开变成床，就睡在房间的正中间。最开始当做睡房的那间小屋，现在是书房兼客房了。

原：这样最舒适不过了。邀请朋友来也没问题，最重要的还是自己住得舒服。

阿部：是啊，日常生活是第一位。不过，在反复实验的第十七年，我在柏林摸索着怎么居住才真正舒服时，忽然很怀念在日本时把被子收来收去的传统，也不习惯房间里没有正座。可能是我在寻找日本的痕迹吧。

原：您在米兰生活了十六年，在柏林生活了一年，先后在欧洲度过了风华正茂的十七年。时间可真是不短了。

阿部：却并没有和这里的人结婚啊。（笑）

原：是啊。（笑）为什么您能在欧洲独身生活十七年呢？您是在做什么工作，又是肩负着怎样的使命在生活的呢？能不能谈谈您是怎么开始的吗？

阿部：像我在东京说过的那样，我出生于一九六二年，生活上受西方文化影响很大。从小读的是欧洲的儿童文学，弹的听的也都是欧洲音乐。居住的环境里，桌子、椅子、床，都不是日式的。但我却不了解真正的欧洲，一直都想看看自己这种生活风格的原点是什么样子。当时想如果能在大学三年级结束前修够学分，大学四年级就有时间了。所以我打工挣钱，准备了很长时间，先试着花了两个半月的时间，用通用旅游券周游了欧洲。

原：我也有这样的经历。在大三的时候，也是差不多用了两个月的时间，用通用旅游券到欧洲转了一圈。当时毫不犹豫地就去了欧洲，也不知道为什么是欧洲而不是夏威夷，大概是受了小时候看的书的影响吧。小学低年级的时候，喜欢《我父亲的巨龙》、《比安卡小姐》，也喜欢欧洲的幻想文学。

阿部：我曾经也是个小书虫。（笑）那个时代，日本出版了很多优质儿童文学。那些欧洲的儿童文学都是由日本顶级文学家亲手翻译的，可以说，我们这一代是被顶级文学家培养起来的一代，受书本的影响很大。芬兰是姆米（芬兰奇幻文学大师Tove Jansson塑造的经典形象）的故乡，德国则有《汉塞尔与格丽泰》和《糖果屋》等。所以，我从小时候起就想去欧洲看看。

原：最先去的哪里？

阿部：我最先去了罗马，最后从伦敦返回。那个时候，日本的建筑导游手册只有《欧洲建筑指南》一本，所以每到一个地方我都会去美术馆和书店收集信息。“有这样的建筑吗？夜行可以去吗？一定可以！好的！”就这样照着指南走，从希腊到了芬兰，一个劲儿地转。七十二天的旅行，有四十天左右是在车里过的。那是一次看了很多建筑的旅行。在那次旅行中，我体会到只要确定了出入口，自己就可以跟着感觉走。将近三个月的欧洲初体验，我觉得自己大概合格了。于是，我决定先在日本做了一些建筑的实际业务，锻炼一下自己的能力，再去一次欧洲。当时八十二岁的海老原一郎老师，在我学习到实习的过程中，一直都很照顾我，还让我在他的设计事务所里工作。

原：是在代官山的同润会公寓时候的事吗？

阿部：是的。来欧洲留学之前，我想先在日本试试自己能不能一个人生活。这是一次长达三年的尝试。我到底能不能做到呢？一边确认自己可以，一边前进，我觉得很安心。因为我是这样的人，所以才可能在欧洲花上十七年这么久吧。（笑）

阿部的住宅 厨房

原：以前在同润会生活的人现在都住在柏林汉萨特区，让人觉得这里面似乎有很微妙的联系。您选择这样难以想象的地方长期居住，难道是命中注定吗？

阿部：是啊。实际上，开始来柏林旅行的时候，也来过这里，那时候怎么也想不到二十年后会住在这里。我在设计事务所实习了一段时间，明确了想进一步研究这里的想法。我想如果能亲自去一个聚集了不同国家同一代人的地方，会对研究更有利。带着这个想法，我到处寻找这样的地方。很遗憾，日本没有。我有三个选择，分别是纽约的美术大学、伦敦的建筑大学和米兰的多莫斯设计学院。最后，我去了多莫斯设计学院。

原：为什么选择多莫斯设计学院呢？

阿部：那时候听说纽约的美术大学刚好有很多教授因为内部斗争而辞职，而伦敦的建筑大学则只有学习建筑的人，剩下的就是多莫斯了。虽然现在这只是一所普通的设计学校，但当时的多莫斯设计学院是建筑和设计并存的实验学校。学校里没有专职教授，硕士的研修期有十个月，是由专业的设计师、建筑家和研究者们组织的研究会和演讲构成的，像课程但又不是课程。我想，选取学生的标准是必须有工作经验，聚集在那里的应该都是很有意思的人吧。

原：读完硕士课程之后呢？

阿部：现在的校长但丁·多尼戈尼（Dante Donegani，一九五七年生，意大利建筑师，室内设计师）那时候刚刚开设了自己的独立设计事务所，选我为助理。我想已经是学长了，不管怎么说再看一年吧。第三年的时候，我开始参加一些比赛。慢慢地，有很多人来邀请我做设计，这样我开始了自己的工作。

米兰的杰出设计

原：这样做个两三年，很多人就会带着海外留学的经历回国了。您为什么会一直待在这里呢？

阿部：到现在我也希望可以克隆一个自己，一个回日本，一个留在这里。因为从事建筑业，我原先并不知道米兰的设计很好。如果说要去意大利留学，事务所的前辈会告诉您："去过意大利的人，好像都会留在那里。"我在建筑业花了足足有三年时间，米兰才真正被我发现。那段时间，我曾经停下来仔细思考。虽然因为在比赛中获奖，可以和欧洲的国家建立联系，但是一想到如果真来到欧洲就可以享受那种显著的地理优势了——坐火车就可以到达十几个有着不同文化的国家呢！我觉得暂时还是先把这里作为基础吧。就这样，我进一步积累各种经验，在第五年，终于有机会正式发表自己设计成果。那段时间，我接触了很多充当着米兰前进动力的人，比如木匠、焊接工人、五金店店主、裁缝以及二战后从事设计的人。我觉得这实在是太有意思了！

原：也就是说，米兰的杰出设计逐渐显现出来了。

阿部：是啊。我那时才知道米兰是这么棒的地方，也终于知道了为什么大家总是会谈论意大利。我终于大开眼界。到了第七年，我已经可以自由地在这个领域里活动了，于是就开始考虑以后要怎么办。刚好那时候，我被邀请到德国的索立突艺术村（Akademia Schloss Solitude）担任驻村艺术家。在山上的城堡里，从世界各地招聘来的造型师、建筑师、设计师、音乐家、作家、电影剧作家、演员，大概有三十个人组成一个艺术团体，共同工作半年到一年。我在那里参加了七个月的艺术团体活动。身处那个远离尘嚣的地方，回望在米兰的自己，这一经历对我来说十分重要。那个艺术村比多莫斯大很多。在那里，我明确了自己应该留在米兰的想法。于是，我回到米兰重新开始工作。又过了七年，我再一次开始考虑以后要怎么办，这一次我选择了柏林。

原：意大利有很长一段时间不景气吧？那段时期，好像意大利被世界经济遗忘了。里拉一夜之间变得一文不值。现在意大利的设计，因为Danese这个品牌的精炼风格而备受瞩目。恩佐·玛丽（Enzo Mari，一九三二年生，意大利著名艺术评论家、设计师）等设计师也十分活跃，意大利被人们正视。但是当时在我们那些二十多岁的人眼里，意大利不是这样的。也许是因为意大利人睡午觉经济才不发达吧？（笑）有时候会这样觉得。

阿部：好像有一段时间，意大利好多国民在自己国家生存不下去，移民去了国外。但意大利食物充足，自然资源丰富，历史也很悠久，确实是一个富饶的国家。不管经济状况如何，一到八月，连工厂都会关闭，大家都去休假。

原：在这样的地方，怎么能不养成午睡的习惯呢？（笑）不过还有人在工作吗？

阿部：因为我是日本人，所以完全不顾意大利人的休假，总是不停地工作，况且还有其他国家的工作。夏天的时候，大多数人会在海边悠闲地渡过一个月的连休，但日本人是无法享受悠闲的。有这样的时间，就会想做很多事。像做实验一样，努力完成一个又一个的计划。想着自己能做出什么设计呢，然后做出来。再想，再做，像打乒乓球一样。就这样，从世界各地吸引来了很多人和机会，再认真地完成一件工作，借此吸引来下一件工作。这样就形成一个循环，直到今天。如果用爬树来比喻的话，就是一边吃眼前树枝上的果实，一边一点一点地往上爬，注意到的时候，自己已经爬了很高了。觉得眩晕，想下又下不来，像猴子一样。（笑）

原：就这样过了十七年？

阿部：是啊。而且时间一长，慢慢发现，原来以为很真实的东西，却在眼前慢慢消失了。再加上经济的泡沫状态和人口高龄化，就更加令人觉得沮丧。我曾经遇到一个很了不起的工匠，本想跟他多学点儿东西，结果不久他的工房就关闭了。我见过已经卧病在床，整天都想听人说话的工匠爷爷，还有见证了二战后意大利设计的摄影师，我现在已经习惯于跟这些人说话了，这可能也是我会在意大利待这么长时间的一个理由吧。

意大利人的智慧

原：意大利产品的细密风格是从他们的爷爷辈或者更早的一辈传下来的，还是第二次世界大战后开始的？

阿部：当然，意大利人制造产品的历史很长了。看看法恩莎的陶器和威尼斯的玻璃制品，就可以知道这片土地一直都在生产出高品位的产品。

原：在东京的时候我们也谈到过，看一下第二次世界大战后世界各地的制造业就会知道，意大利、德国、日本主要进行工业生产，也就是说战败国一直在制造产品。这当然是因为这些国家拥有出色的传统手工技术，并对其进行了发挥，但也可以说他们制造产品是不得已而为之。（笑）您跟意大利的产品制造业接触了这么长时间，有何感受？

阿部：说不得已而为之，不如说战败国被买方包围着。意大利人不仅制造了被委托的产品，还制造出其他很多东西。这正是他们的伟大之处。日本人也一样，好工匠的手粗看也就那样，没什么大不了的，然而他们的手中却握着智慧。在意大利，很多工匠乐此不疲地创造着更好的产品。当然，二战后，把残留下来的东西很好地加以利用这种想法也发挥了很大的作用。

原：您是说留下了创造智慧的手？

阿部：是的。留下了双手，也留下了头脑。像优秀建筑家吉奥·庞蒂，他坚信意大利的手工业会有光明的前景。为了让脆弱的家具产业独立出来，他一丝不苟地制作了道路地图，这是非常了不起的。虽然纯手工的工艺有逐渐消失的趋势，但正是因为对未来抱有理想，意大利的设计才会经久不衰，依然强盛。

原：意大利人是在为自己制造产品，还是向整个欧洲乃至全世界出口产品？

阿部：很明显，主要是出口。日本的国内市场大，在国内基本上就可以获利。但在欧洲，国家都很小，要想盈利就必须赚外汇。在意大利的商品展览会上，参展的大多是意大利的企业，而买者则多是外国人。德国的状况正好与此相反，所以那里的企业一直感到很苦闷，他们想不通为什么来自意大利乡村、连英语都不懂的家庭企业能够获得世界各地的订单。实际上，意大利的这些企业制造的是当地特有的、独创的产品，并通过商品展览会对这些产品的魅力进行很好的宣传。这样一来，世界各地的人自然不惜带着翻译前来购买。

原：意大利的家具是现代风格的吗？

阿部：大约有百分之九十是运用传统技术制造的古典风格的家具。现代风格的家具没有古典风格的市场大。但现代风格的家具是开拓未来的“先锋”，我认为他们正在这一方面加大力度。

多莫斯设计学院

原：一九九〇年的时候，您在多莫斯设计学院学的是现代主义吗？

阿部：更多是后现代主义。在意大利，被称为“生活文化”（意大利语：LA CULTURA DIVIVRE）的哲学是设计的根基，即所谓的“日常生活就是文化”。多莫斯设计学院没有系统的教学计划，学员们可以随意地进行研究。当时有来自大约二十个国家的三十五名学生。因为制造业出身的人很多，所以我从同学们那里学到很多关于产品设计的东西。很多优秀的学员，比如阿诺特·维瑟（Arnout Visser，一九六一年生，荷兰著名产品设计师及室内设计师），因在DROOG DESIGN的发展初期就崭露头角而赫赫有名。

原：那些学员都已在社会上工作了几年，他们是不是因为在社会上走投无路才来到多莫斯的？他们是来学习自己所缺乏的技术，还是为了更加深入进行研究？多莫斯设计学院的理念是什么？

阿部：我觉得是多莫斯设计学院的目的不在于教育，而在于提供一个“开放的研究场所”。在那里，学员可带着尚未解决的问题，并对解决方法进行研究。就像“垃圾问题始于设计者的办公桌上”一样，将再利用和生态学定为设计的主题。

原：原来意大利还有秉持这种理念的学校啊！也许我对意大利怀有一些错误的成见。意大利给我的印象一直是思想落后于造物的热情和工匠的技艺。

阿部：制造产品就是创造生活文化，把握这一点是意大利的强项。能够对制造产品提出建议的国家很多，但能对生活提出建议的却很少。意大利就是能对生活提出建议的国家。就拿家具来说，意大利可以通过家具形成一种新的生活方式和新的理想。

原：现在有德国式和意大利式两种风格。这两个国家的足球水平都很高，但它们的设计似乎更强。德国式的研究是思考性的。就拿产品来说，比起象征肌肉美感的棕色这种流行一时的颜色，德国式的研究更注重社会伦理，并且骨子里就有一种“即使不是很有趣也要好好做”的思想态度。而意大利式的设计充满明快的造型。正如恩佐·玛丽所说，即使很古怪，“我们也是看着米开朗基罗长大的”，听说他们能够信手造出什么东西来。

阿部：是的，这是一种本能。

原：不经思考就造出来，再冠之以理由，这就是意大利。

阿部：我觉得德国人是在用知识和技术来设计，意大利人是在靠本能来设计。意大利真是天才的国度。在这里，对突出的才能表达敬意并不普遍，拼命地努力也不会成为称赞的对象。而德国是一个后天人才聚集的国度，那里有很多掌握了知识和技术、确立了自己的逻辑、经过了严格训练的优秀人才。两者的平均分数倒是差不多。

不过，恩佐·玛丽的话说得很是意味深长。“看着米开朗基罗长大”意味着眼光高，假的东西不能使其满足。在意大利，那不勒斯贫民区的孩子们一样会使用“美丽（bello）”这个词。仅仅是在功能上起作用是不能满足意大利人的，必须美才成。不管是数学还是外科手术，意大利人都追求一种能够满足本能的艺术性的解答。不仅对技术有要求，艺术性也要达到一定程度。在这样一个由看着经典艺术长大的人组成的国度里，设计自然会默默地经受着锤炼。

自己心中的日本

阿部：多莫斯就像一个容器，不仅容纳了来自世界各地的人们，让他们可以在这里尽情发挥自己的才能，也接纳了他们的孤独心境，或许我的研究会也是在它的包容下才得以存在。许多国家的人围绕一个题目进行讨论，并不断地相互给予激发。就好像周围有各种各样的哈哈镜一样，在那里，自己心中的日本会慢慢变得清晰起来。

原：当自己的身影在周围的哈哈镜中变大变小的时候，很多人会想到日本。离开日本之后，他们会发现一个在日本无法发现的日本，他们会有回到日本重新生活的想法。这种回归日本的倾向在您这里发挥作用了吗？

阿部：虽说是在欧洲工作，但其间，我为日本建筑方面的专门杂志写通讯，参与日本城市规划的调查，为日本和意大利的制造商工作，还一直为日本企业做着设计。可以说，我一直和一些出色的日本人有着联系，所以没怎么感觉自己离开了日本。当然，故乡是一个很特别的东西，如果需要的话，我什么时候都可以回去。起码我自己是这样认为的。

原：是吗？我还以为您也一定有一条回归日本的轨道呢！（笑）从月球返回地球时，也存在着因点不着引擎而无法返回的情况。

阿部：可能是错失了那个机会吧。

原：逃离了地球，一直在月球的轨道上转下去。这到底是为什么呢？

阿部：不，本来以为在月球的轨道上，结果却发现正在哈雷彗星的轨道上转着呢。（笑）最吃惊的是自己竟然这么长时间都没有觉察到！

原：《糖果屋》中汉塞尔和格雷特为了记住回去的路，撕下面包片撒在地上作为标记。但不幸的是面包都被鸟给吃了。而您好像连面包都没撒，可见您过人的胆识。

阿部：日本是祖国，东京是故乡，可是撒下的面包被房地产开发商给吃了。即使想回去，好多建筑都已消失，感觉自己渡过来的桥都塌陷了。不过，我离开日本的时候，脑中没有“回去”这个概念，我只是希望像跑马拉松一样跑一圈就回去。

原：（笑）已经只有向前走一条路了。

阿部：我觉得挖掘意大利这块土地很有趣，不经意间，十六年就过去了。当我抬起头向上望去，发现洞口竟然比满月都小。只能继续这样挖下去才能到达日本（笑），我有这样的想法。目的地是日本。我只是一个劲地想让自己心中的日本清晰起来，既对衣锦归乡没有丝毫的兴趣，也完全没有否定日本、变成一个欧洲人的想法。

原：这点我明白。在您的身上，我一点都感觉不到想要被欧洲同化的意愿。我认为您才是真正的日本人，督促着欧洲人的日本人。您是受有海外生活经验的父母的影响才会接受这种自由的教育吗？

阿部：不是不是，看看自己身边的家人，在海外这样生活过的只有我一人。我自己在二十岁出头去欧洲旅行时也是第一次在海外生活。也许是因为我成长的家庭，从祖父母那一辈开始就对外国不陌生了吧。在我看来，我的家教很普通，但在外人看来，那肯定是极其自由的——自己的人生由自己决定，自己承担责任。我的父母是昭和第一代（二十世纪二十年代）人，他们都相信这样的哲学：人生路上没有比缺乏判断能力更危险的事了。

我两岁的时候，母亲曾对我说："你妹妹都出生了，你也已经长大了，我想你也不需要再叼奶嘴了吧？""想扔掉的话，就自己扔吧。"于是，我亲手将奶嘴扔到了火炉里。至今，我仍清晰地记得当时年仅两岁的我抬起头看到的火炉和在一旁的母亲。到了晚上我很想哭，但母亲对我说："是你自己决定的，对吧？"因为是自己做的决定，就不能怪别人。其实，不怪罪别人是一种非常高明的做法。如果有人替我作了决定，过后我又怪罪那个人的话，那我在很早以前就会有一种挫败感。在这点上，我很感谢我的父母。

永远的图画工作少女

原：我之所以想和您聊一聊，是因为我本人无法接受把那种欧洲风格当成唯一“纯正价值”进行设计的观念。您举办各种各样的研究会，并且有意识地试图通过设计唤醒年轻人心中的感觉。可以说，这在现在的时代洪流中是很难得的行为。我能清楚地看到，日本人正想为这个世界做些什么。您是建筑师出身，又是商品设计者，处于连自己都无法形容自己身份的这样一种微妙的位置上。我听说您上小学的时候曾得到过老师的大力鼓舞，这让我不由想到坚毅的“图画工作少女”形象。我很想听您说一下您所看到的真实的欧洲，也很想请教您一些问题。

阿部：已经是永远的图画工作少女了。可以的话，我想一生都用这个称呼。（笑）

原：我在思考“设计”的时候，总觉得那些不是从事带有“师”的职业的人才真正承担着接下来的设计。您就是很好的一例，不专为企业提供设计而是让平凡地生活着的人们在接触“设计”这个概念时，去思考怎样让自己的生活过得比昨天好。

阿部：我只对这个感兴趣。当然，如果有企业的委托，为了这个企业的利益做设计是当然的事。但我认为，如果那种设计最终不能使我们的生活文化与时代同步，就不是真正的设计。所以我想说，我将自己喜欢的东西当做一种爱好。每到休息日，我会到地下室做自己喜欢做的事。（笑）

原：哈哈！

阿部：过去那样还行，但最近无用的东西堆积成山。当重新审视这些东西时，我想，利用现在的技术使它们与时代同步才是设计的重点所在。不过，并不是在形状怪异的公鸡杯上弄上意大利风格的画这么简单。

原：如果触及现代社会中最为现实的问题，我们会发现，在企业和商标战略上下工夫是解决不了问题的。教育才是设计的根源性力量，它建立在对事物和环境的思考之上，并将极为灵活的合理性渗透到整个社会当中。我能感觉到，您天生就能明白这一点。

设计研究会

原：说到设计和教育，人们马上会想到“培养优秀的设计师”。但我认为，这和数学的重要性不单单在于“培养数学家”一样，将设计的思想广泛地融入普通人的生活中同样重要。您选择了研究会这种形式作为自己的一项活动，旨在激发参加研究会的普通人的创意灵感。这种形式的活动是从什么时候开始的呢？

阿部：二〇〇一年的时候，法国圣埃蒂安（Saint-Etienne）美术学校策划了一次面向学生的国际设计研究会，将其作为设计美术展览会的一个环节。我的研究会就是从这里得名并开始举办的。

原：研究会（Workshop）翻译成日语，怎么说比较贴切呢？我第一次听到这个词的时候还不大明白它的意思，把它想成了能看到制作现场的商店。

阿部：因为是在大学等教育机构进行的活动，可以说成是课外实习课吧。这是在已经存在的课程中不能做的事情，交由外部的专业人员自由且适量地做。也有一种研究会是由当地产业的一些工匠和企业的一些专家一起来实施一个实验性的项目。还有设计中心为本国的年轻专业设计者策划的，或者是美术馆、博物馆作为一种新型的教育活动而策划的研究会。我则尽量提出自己认为最有意思的项目，并且从头到尾地去完成这个项目。然后，我再将设计体验和大家一起分享。因为每次都必须根据成员的差异，采用适当的形式实施适当的项目，所以我提出的项目和所用的方法每次都不一样。“入口”和“出口”确定了，但中间部分需要当场决定。我是一边即兴指挥着，一边完成项目。

原：您在圣埃蒂安具体做一些什么事呢？

阿部：以“材料的声音”为题目，提出能够体验“怎样将五感感受的事物定型”的项目。

原：“材料的声音”是什么意思？

阿部：是材料里面的声音，听了这个声音能够焕发出生命力。任何材料都有天性，设计者要不断地通过实践，去发现这些天性，发掘出它们的潜在能力，并使它们以应有的形式开花结果。一九九一年，我将这个方法运用于材料，进行了设计开发。这个名字就是为这次实践性的纺织品项目而起的。这是我独有的设计方法，让我颇为得意。我想和大家一起分享那些很有意思的地方，所以把这个名字用到了研究会上。

原：具体来说是怎样一回事呢？

阿部：首先是从对材料的观察开始。不仅是视觉性的观察，还要进行感觉总动员，即通过触觉、味觉还有温度来认识材料。进行视觉性观察时，也要用显微镜或者拍照片什么的。把这些东西当做第三只眼睛，你就会明白是什么样的细节造成了触觉的微妙差别。然后，通过拉伸、弯曲、揉搓，总之，把自己身上的那种孩子劲儿使出来，和材料玩耍。这样，连塑料板这种让人觉得无聊的东西也会让你觉得有可爱之处。啊，这里可爱，这里也可爱……能够这样发现材料的可爱之处，作为一个设计者，你就能够自如地使用材料了。说到掌握这种本领需要的时间，我观察过研究会的成员，每个人所用时间是不一样的，从中可以看出每个学生的素质。即使经历同样的过程，每个人顿悟的瞬间也不一样。对于我来说，这些成员也都是一些隐藏着潜力的材料。在观察的基础上，我决定能活用成员素质的项目，接下来的一周就是实施“设计新颖的肥皂泡”这个项目。

原：新颖的肥皂泡？

阿部：是的。您知道，在设计新颖的肥皂泡时，即使把想像中勾画的稀奇形状实际地画出来，也没有任何意义。也就是说，必须设计能产生肥皂泡的装置，还有适当的肥皂水。拿设计椅子来说，很多人认为把想像中漂亮的椅子外形如实地画出来，然后照着做成模型，这样的造型设计方法就是设计的全部。我很想介绍一些别的方法。这里已经设定了条件：“在学校内，用一定的工具和原价低于三十日元的材料，自己生产一定数量的装置。”在这样的条件下做出解答，是一种现实的设计。

原：嗯，的确是这样。

阿部：切割或者弯曲符合条件的金属丝或橡胶管，用材料直接做一个三维的简单造型。然后找来肥皂水的配制方法，将肥皂液和甘油混合到一起。如果肥皂水不能很好地停留在吹泡器上的话，就吹不出泡泡。大家都试着吹，吹得肥皂泡满天飞。经过试验就会明白，制作圆形的吹泡器很简单，并且利于肥皂水停留在上面。要在短时间内准备好制作线圈的工具。首先在金属管上割出几道缝，将金属丝固定到上面，做成圆形线圈。再在线圈的横截面中拉一道金属丝，然后试着吹一下，能吹出两个连在一起的肥皂泡。再调整一下细节，这样就完成了。

　　这样将想象中的东西变成实物的瞬间，是设计过程中最快乐的时刻。最后呈现出奇怪的形状，设计才算完成。我总感觉，某个时候会有偶发性的事情发生，但把这样的偶发事件控制在一段时间以内，任其自由地发生，这是我作为一名专业设计者的工作关键。我们的研究会一共完成了三个作品，并在美术展览会上展出。有一个作品已被一家法国公司商品化了。

原：研究会大概有多少人参加呢？

阿部：圣埃蒂安的研究会有八人参加。参加人数最多的是爱沙尼亚的研究会，有二十二人。不过，要想把握好每个人的资质、抓住每个人的心，差不多十二个人就是极限了。专业团队的研究会最好是八个人吧。在圣埃蒂安的研究会举办两年之后，罗马大学的研究会成立。那是已经工作了的人和学生的组合，共十三人。第二年，应法国陶器产地瓦洛锡的要求，研究会成员为学生和工匠，加起来共七人。

原：瓦洛锡在什么地方？是一个怎样的地方呢？

阿部：瓦洛锡是十八世纪时法国各个乡村的工匠们聚集在一起形成的一个小村子，位于戛纳附近。十九世纪初期，作为欧洲的沙锅产地，每天都有大量的沙锅通过附近的海港运出去。二十世纪七十年代，毕加索曾经暂住那里，创作出大量的作品。这个地方也由此开始出名。但是现在，这里已失去了以往的光辉，留给人的印象是一个零星制作一些面向旅游者的纪念品、靠补助金过活的村子。不过，那些参加研究会的高中生很出色。刚开始的时候我把他们的眼睛蒙上，让他们触摸各种材料。他们用整个手掌去触摸，我想："啊，这样触摸的话，那这些孩子就没问题了。”只用手指触摸是不行的。

原：高中生也参加了吗？

阿部：是的。我们首先从村子的历史开始探索，这是建筑的实地研究的方法。我们和学生们一起去探索，结果发现了二十世纪六十年代特有的街道，还有生了锈的窗户、招牌。工厂掉皮的墙坍塌着，上面刻有“一九二六”的字样。从这些材料的质感中，我读到了历史。“要修理这堵墙，这里是木屑，这里是砖瓦，这里抹洋灰”、“这里曾经有什么样的门呢”等等。这样，通过一起探索，大家的第三只眼睛也随之慢慢打开了。学生们仿佛发现了宝物似的，把纸贴到这些材料上摹拓起来……

原：把材料的凹凸拓到纸上，是摹拓法啊！

阿部：然后从中挑出较好的，直接将陶土按到上面摹拓下来。可以说，这些材料是瓦洛锡人认为不好的东西，一旦补助金下来，他们就会用崭新、漂亮的东西将其取代。在充满新鲜和漂亮的时代成长起来的高中生们却认为这些材料太棒了，非常酷，他们能感到这些材料的魅力之所在，因为他们从这些材料中看到了历史。如果将这些材料用作修墙壁时的花砖，那它的历史感就会在别的建筑中再现出来，将消极转化为积极。我将这个方法用于其他很多城市，这样就可以收集到留有许多城市记忆的花砖。我把这个方法当做设计项目的一部分，试着把它贯彻下去。

原：哦，原来如此，很有意思。

阿部：这样就正式进入制花砖的过程了，但是那个时候，我和一个同龄的工匠却没有了斗志，丧失了信心，直到一位七十五岁高龄的老大爷出现。这是那个工匠的父亲。他是意大利人，穿着古朴的衣服，像是从维托里奥·德·西卡（Vittorio De Sica，一九〇一年生，意大利电影导演、演员）的电影中跳出来的人物似的。他不断地鼓励我们，最后我们制定了一个由六个高中生、那对工匠父子和我参加的“三代人项目”。那个老工匠告诉了我们很多故事，让我们明白了这个村子为何变成现在这个样子。他说，当这里的沙锅生产走向衰落的时候，毕加索来了。决心要复兴这个村子，让其成为一个艺术陶器之村。毕加索计划把自己的陶器作品都捐出去，建立陶艺学校，让世界各地的陶艺家都集中到这里。毕加索甚至画出了计划图，但市里不允许他这么做。“没有素养的土地只有没落这一条道路可走。”老工匠说。

原：不知从什么时候起，这个村子失去了生气。这样的景象在日本也能看到。世界各地的农村几乎都有这样的情况发生。

阿部：是的，所以大家都在以一种在烧塌的家中捡到宝物的心情，收集着材料……我和那些高中生们在那里学到了很重要的东西，我们甚至从中体会到了研究会的意义所在。

打开通风口的外国人

原：我感觉，在欧洲，阿部雅世式的风格发挥着很明显的作用。欧洲人对您的期待和印象是怎样的呢？没有觉得您是一个特别的外国人吗？

阿部：作为外国人本来就比较特别。尤其是在村里的规定十分严格的时候，外国人反而容易打开一个通风口。

原：的确，外国人会带来一些新鲜的空气。看看莎拉·玛丽·卡明斯（Sarah Marie Cummings，一九九六年成为日本第一位西方籍清酒侍者，一九九八年成为国际清酒协会第一位外籍会员）就可以明白这一点。听说在装修酒窖时，她挥动着锤子砸坏了墙，并说："金发的我如果不这样做的话，什么事也没法干。"

阿部："内部人"太了解规则，不能干的事就太多了。如果同样是村里的人挥动锤子砸坏了同一堵墙，那这人肯定会被驱逐出去……所以让外国人掌握主导权，打开一个新的通风口，将被禁锢着的东西刷新一下也不错。就拿管弦乐队和指挥家的关系为例，这样的组合是为了奏出更好的音乐，他们各自都很好地发挥着作用。一个指挥家要指挥很多乐队，许多外国指挥家都会指挥当地的乐队。每次指挥，他都会从不同的角度引出乐队的新力量。对于指挥者来说，随着指挥台数的积累，他的音乐感觉也得到了锻炼。当然，也有心怀戒心和别有目的来到村里的人。因为莎拉是女性，而且年龄又小，长着一张无害的脸庞，不会受到大家的戒备，所以能够很顺利地进入某个地方。进人之后她就属于这里了。她挥动着锤子，解决了连当地的大丈夫也解决不了的事。但是，像您这副样子去的话，恐怕会受到他人的戒备的。

原：不利的长相啊！（笑）

阿部：还是得有威严、有胡子，个子有普通欧洲人那么高。

原：感觉您在欧洲人都不能随便走的地方却可以轻松自在地走动，好像拿着在欧洲社会自由行走的通行证似的。

阿部：我喜欢一个人走。围绕着大家趋之若鹜的职位和别人一起竞争，我是很不擅长的。我只走没人走的路。有时，我甚至惊奇道："原来这里也有路啊！"什么特殊的通行证，连检查通行证的人也没有。（笑）

原：布鲁诺·陶特（Bruno Julius Florian Taut，德国著名建筑师）从德国来到了日本，现在又有美国的莎拉·玛丽·卡明斯来到了小布施，不断地督促着小布施的人。您呢？

阿部：或许正好相反。

在柏林艺术大学教书

原：您在柏林艺术大学教书的契机是什么，其原委又是什么呢？

阿部：二〇〇四年六月，单行本*HAPTIC*要收录我的一个谈话。就在谈话之前，我收到了柏林艺大的学生的信，说："您来柏林艺大吧！"

原：从学生那里来的信？不可思议啊！一般都是从校长那里来信。

阿部：而且是一些从来没见过面的学生。我想会是什么事呢？于是就和他们取得了联系。他们说："学校有一个客座教授的职位，您不来参加竞选吗？您不来的话，我们就要退学。"这是来自学生的求救信函啊！

原：原来的大学缺乏生气，他们想让您带去一些新鲜的氧气，是这种感觉吧？

阿部：我很想尽自己的一份力，可是我能为学生做些什么呢？于是，我带着这个问题径直去了日本。在当时的谈话里面提到"'HAPTIC'必须固定成一定的风格才行"，我想，这在柏林也可以做到啊！于是，在由学生们安排的和校方的见面中，我提出以触觉为原点，进行跨学科的"触觉界面设计"。就这样，我担任了纺织品学科的客座教授。这个学科是学校本来就有的专业。在这之后的两年，我接受了德国学术交流会客座教授的职位，负责在学校内但同时又独立于学校的一个协会。所以，如果您当时没有叫我去谈话，就不会有现在的我，也不会有"触觉界面设计"这个学科了。

原：那真是太好了！但是，即使没有“HAPTIC”这个词，您也会想出“触觉界面设计”，您迟早会打开这个通风口的。

阿部：还是多亏了您，“HAPTIC”这个词才在我的头脑中变得清晰起来。然后我想，如果能够培养一些可以将质感和色彩当“HAPTIC”看待的专业人才，对他们将来的工作会很有帮助。在这样一个就业困难的时代，掌握了还没充分开发出来的特殊技能，就可以站在一个比较有利的位置。所以，刚开始的研究会进行得很严格。我对他们说：“我们先一起走一次，以后就要你们自己走了，并且在自己走的时候要不断求教于社会，去接受大学外的专业人员和一般人的评价，慢慢向外界发起挑战吧。”

原：具体来说，您教的是什么样的课呢？

阿部：只有实践课。理论和技术方面，我让学生们通过看书来学习，我指导学生们应该看哪些地方。讲座有多种形式，有对实际的设计项目进行挑战的研究会形式，也有在一个主题下、运用一个方法由个别学生实施项目的形式。根据需要，我还将有关材料和技术的研究引入短期讲座。上课时用英语。最初的一年，我来往于米兰和学校之间，这大大地刺激了那里的学生们。他们不断地往外跑，也有国内外其他大学的学生来听课。到了下半年，实际上一半以上的学生已经不在柏林住了。学生们都在欧洲各地的工作现场，所以免不了会遇到一些不顺心的事。他们给我打手机，说着说着哭起来的时候，我就赶紧发电子邮件给他们一些建议。两年过去了，每个月都有学生坐飞机飞过来听我的讲座。这种很活泼的实验讲座的形式已经固定了下来。这种情况要是让几乎从不离开德国的老教授知道了，估计他们会昏厥过去。

我所接受的德国学术交流的教授职务要进行的是一个促进德国大学国际化的项目。我想我已经做了一个示范，证明这样的事情完全有可能。在这里的第一个项目，是设计表现触觉的基本词汇这样一个研究会形式的项目。

原：《触觉词典》就是由此开始的吧？

阿部：是的。在日语中像“ふわふわ fuwa fuwa”（译注：中文意为软绵绵的）这样表现触觉的拟态词很多，而在欧洲的语言中或者通用语国际英语中，是没有这类词的。当然，用日语无法表达的“HAPTIC”也有很多。所以当我想将“HAPTIC”当做设计的一个要素时，我就觉得有必要将共有触觉的语言作为设计的技术用语，通过对触觉性的实地调查、分析、分类和命名等方法来进行研究。比如“把这里再弄得细一些，增加一些不平感poco poco（译注：日语原词为ポコポコ）”、“间隔再多两厘米paran paran（译注：日语原词为パランパラン）解决吧”。我让来自九个国家的十六个学生试着这样做了。首先产生了八个词，然后在接下来的项目中，全体成员就很自然地开始使用这些词了。如果没有“ポコポコ poco poco”、“パランパラン paran paran”、“ハラ hara”等这类词的话，工作就不能向前进展。我想这样做很好，并且行得通！

原：“ハラ hara”就不要了吧，好像摸着自己的肚子的感觉……

阿部：您弄错了（笑），“ハ ラ hara”是指丝绒般的那种触感。

原：这种关于触觉的词语大概有多少呢？

阿部：这个项目先后在米兰的布蕾拉（Brera）艺术学校举行的研究会和柏林艺大下学期的研究会上得以实施。参加者是来自十四个国家的三十二人。我们首先将四十个基本词汇汇集成为《触觉词典》第一卷。

原：研究会在爱沙尼亚也举办了吗？

阿部：二〇〇六年，应爱沙尼亚艺术大学的邀请，我在那里举办了一个研究会。在这个研究会上，我们为了表现制作冰和雪的材料的触觉设计了相应的语言。那是一个在零下十五度的严冬举行的研究会。河流和小溪都结着冰，到处都被雪覆盖着。但我从未见过像那种冰表情那样丰富、那般优美的东西。尽管只是两个氢和一个氧如此简单的元素，但只要稍微变一下条件，就能造出这样美好的东西。我被感动得简直要跪下了！这是由产品学科和材料学科的二十三名成员组成的大团队。爱沙尼亚人的表现十分出色，一周之内就创造了三十个表现爱沙尼亚冬天奇迹的触觉词汇。这是《触觉词典》的第二卷。

超越世代的研究会

原：夏天那次谈话结束之后，您在东京为孩子们举办了一次设计研究会吧？

阿部：是的，这个研究会作为东京歌剧院城市画廊（Tokyo Opera City art galleny）的摩利尔（Ingo Maurer，一九三二年生，德国灯具设计师）展的附属活动，是在柴牟田伸子女士的提议下由画廊策划的。我在那里负责名为“精神花园 Spirt Garden”的研究会。灯光作品是“光的魔术师”，但日本团队想将其弄成“影的魔术师”，于是计划展出用来制作影子庭院的装置艺术作品。那是一个由二十五名孩子、画廊的成员、同行的年轻庭园设计师滨中和晴以及作为助手的八名年轻学生，总共将近四十人组成的大团队。无论是孩子们，还是其他成员都很出色。他们成功地举办了一次令人十分满意的研究会。

目前，我已经举办了十二次研究会。在不同条件下获得的经验让我慢慢明白，以后应该以怎样的频率来举办怎样的研究会。今后，我想将自己的工作重心稍微向两个方向移动一下：一个是为孩子们举办的超越世代的实践性的设计研究会，另一个是和企业联合推出、由精锐团队参加的专家研究会。至于学生，我会给他们一些相关的机会。“想学就随便学”，学生们保持这种姿态比较好。

原：我觉得您的工作的社会作用渐渐明晰起来了。

阿部：后来，我又受到爱沙尼亚和巴西的邀请。巴西人民很有创造精神，建筑家的水平也很高。我想可以实施一个与所有世代的人都有关联、由他们共同完成的设计项目。

原：在巴西的哪里？

阿部：在圣保罗的郊外。在巴西，主导当今建筑和设计潮流的人们清楚地知道为何而设计。那是一个很有素养的国家。

原：巴西是一个现代主义很普及的国家。那里有很多移民，像一个大熔炉。现代主义作为横贯各个文化的通行语言很好地发挥着作用。在圣保罗一带的街道上，交通灯、公共标志、公交站牌等公共设施很早就经受了现代主义的洗礼。不仅是建筑，连城市风貌也被考虑到了。典型的象征就是首都巴西利亚，它真是一座完美的人工城市。巴西很早以前就融入了现代主义的元素，所以与其说它是一个崭新的、偏“左”的国家，不如说它是一个社会伦理基础比较发达的国家。

阿部：是的。在二十世纪，有一位叫丽娜·波·巴蒂（Lina Bo Bardi，一九四一年生，意大利著名建筑师）的意大利女建筑家为巴西作出了很大的贡献。但巴西人也说，她带来的负面影响同样很多。

原：巴西的纸币上印的都是动物，我问这是为什么。他们告诉我，一般纸币上都印有自己国家有过伟大业绩的政治家的头像，但巴西的政治家都不是一流的，所以只能印上动物了。（笑）

阿部：也许是一种补偿，这里的建筑师和设计师都非常优秀。这里没有因创作出“自己的作品”而洋洋得意的人。他们做着富有哲学性的社会性工作，一些简直要让人感动得哭出来的高品质工作。真不愧是一块有素养、有哲学根基的土地，一个可以成功举办研究会的地方。我想，在这样一个地方，一定可以实施一个让老人和孩子都能参与进来的社会性项目。就这一点而言，爱沙尼亚也是一个很好的地方。虽然它是一个经历过残酷历史的小国家，但它的人民具备足够的感性、理智和素养。那里的年轻后辈也在很努力地引领着自己的国家。可以说，那里是北欧的那不勒斯。我会在那里培养出什么、创造出什么呢？我现在就已经期待不已了。

原：通过行走于爱沙尼亚、巴西等地，您的研究会的余波也一点一点扩展开来。

在海外发挥作用更重要

阿部：如果一项事业和太多的人搅和在一起，每个人想法都很多的话，最终就会固化，很难再发生变化。我这个研究会是个人性质的，是“治外法权”的“游击”活动。当我刚刚制造了一个先例，被人说几句，马上就又消失了。(笑)也正因为如此，我很容易制造先例。最好是以后在某个地方能够一个人自由地发展。

原：确实是这样。头脑中不再产卵了（笑），就这样慢慢地孵化。您不想永久性地就职于柏林艺大吗？

阿部：不想。合同是三年，在这里待三年就足够了。而且当初联系我的那些学生们也将于这学期毕业，我的诺言已经兑现了。

原：您就像搭桥的木板一样。

阿部：我干的不是拿菜刀的活计，而是使用工具的工作啊！（笑）欧洲还有很多我没去过的地方，有繁华的都市，也有地狱。每个国家都有它很好的一面，也存在着很棘手的问题。在日本认为好的东西或许在欧洲就一无是处。如果有些事情在自己人手里没有任何进展，那就交给别人来做吧！

原：被外国人评论之后，会有什么进展吗？比如布鲁诺·陶特说过桂离宫非常好，夏洛特·佩里安也这么说过。日本人当中也一定有和佩里安想法一样的人，但非得她这么说才行。

阿部：好像外国人干的事情都比较合我们的心意。我就像大海中的一条鱼。（笑）对于大多数的人来说，在和自己相似的鱼群中，在自己出生的河里最舒心。但对于我来说，在大海中四处遨游才能使我得以发挥……

原：“比起在日本，在海外更能得到发挥”，这真是非常积极的想法啊！一般来说，在海外就是“获得很好的评价”或者是“获得世界性的好评价”。获得评价自然是被动的。当然，在世界这个大舞台上得到较高的评价是一件很好的事。这比在国内听那些絮絮叨叨的话要好得多，比“日本在世界水平之上”

《触觉词典2》「冬的奇迹三十语」

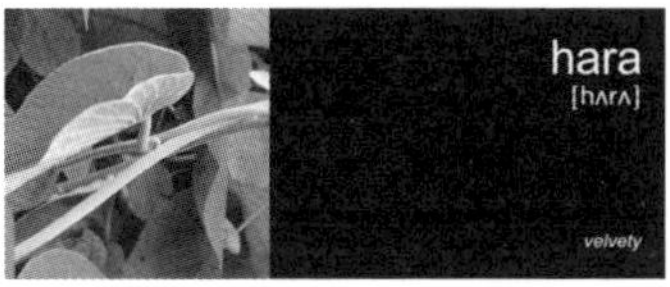

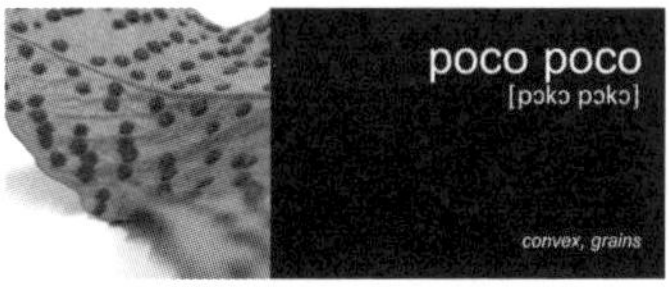

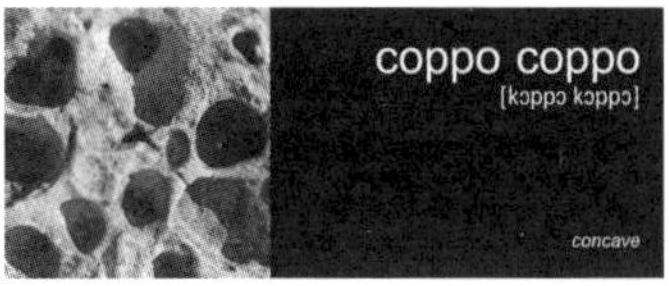

这种傲慢的想法也要好得多。您说在海外更能“得到发挥”，这和刚才我提到的那种想法，简直是一百八十度的大转弯啊。想法完全不同！您的想法极其自然，而且更加有力。就面对世界所采取的姿态而言，您的更具魅力！

阿部：这并不是因为我人在欧洲，而是因为我无法成为“内部”的人，所以能从各种羁绊中独立出来的缘故。作为一个独立的个人，如果有可以发挥自己的地方，即便是天涯海角，我也会去。

原：这样啊，像风一样的人！

阿部：如果失败了，大不了被踢出局。从很早以前，我就很讨厌归属于哪一派。

原：我也是。（笑）

阿部：从小学到中学，再到高中、大学，我一直都是踏踏实实地接受日本那种刻板、严格的教育，是百分百日本产的人。然而，我不仅受不了日本的约束，就连其他国家都束缚不住我，最后就变成一个自由人了。（笑）

原：如果成长在过度的自由之中的话，人就会变得脆弱。但温和的自由也不一定能使人变强。

“能做的事”比“想做的事”更重要

阿部：在没有自由、人们都努力追求自由的时代，自由具有很大的价值。但如果自由太多的话，人们会在某些东西面前视线模糊。比如，有人会说“要有自己的风格”，这可不应该是自己来评价的。（笑）“活出您自己的风格，怎样呢？”这话别人说还行，要是自己说“我要活出自己的风格”就……（笑）这就是修辞技巧的不同。

原：别人眼中的“你自己的风格”。

阿部：是的。当压力快要把人压垮的时候，“有风格”很重要，意识到自己的身份也很重要。但是，如果根本不思考这些，就认为“个人志向无条件地优先”是正确的价值观，那就不怎么高明了。

最近十几年，“寻找自我”、“有自己的风格”这样的话语很流行，不知道受了什么的影响，很多孩子会说“找不到自己想做的事”。想做的事需要用一生来寻找，所以还是要尽力做好现在能做的事情。（笑）

原：确实如此啊！

阿部：比起想做的事，能做的事更重要。想做的事和能做的事不一样，并且谁都不会对你想做的事有任何兴趣。（笑）可是，你对能做的事怀有兴趣，能做的事就会成为你的工作。在大学的新生教育上，刚开始的时候也会有类似的讲话——做能做的事，你才会有用于社会及周围的人，这会成为你自己的喜悦。我的工作曾是我喜欢的事，但有一天这感觉似乎突然消失了。“是工匠吗”，我一边想着一边走向了建筑。我一边锻炼着自己，一边做着能做的事情，慢慢地竟然干起了有自己风格的设计活动。“自己做的事到底是什么呢”，我重新考虑。不不，这或许就是三十五年前，我曾经想做的“开动脑筋的创作”。（笑）要想使能做的事和想做的事一致，不得不花费很多时间。

原：工作真是伟大！过去有德国工作联盟，您也可以建立一个阿部雅世的工作联盟了吧？（笑）

阿部：是吗？已经发出了直线球了，如果能咣当一声返回来就好了。（笑）

二〇〇六年十一月二十四日　于柏林　阿部宅邸

第六章 | 欧洲生活文化与欧洲设计的关系

不是创造自己喜欢的东西

阿部：设计不是“创造自己喜欢的东西”。

原：是的。尽管自己是主体，设计者也不能想怎么创作就怎么创作。我们所说的手工，换句话说其实就是“创造性”。现在，在日本的基础教育中，手工时间一直在减少。所谓手工时间的减少，不是指用面糊粘贴手工纸这样的“动手时间”减少了，而是学习“创造性”的时间减少了。也许是因为语文、算数、社会、手工这些课程离生活太近，我们会认为它们无关紧要。其实，这些课程就是“语言”、“数学”、“科学”、“世界”和“创造性”。科学和创造性如同夫妻，不离不弃，所以才会出现诺贝尔奖级别的独创性研究。我们既不能低估了创造性的作用，也不能过于夸大。“设计”必须坚决地伸张创造性在基础教育中的地位及存在的意义。也许，这就是我们作为设计者的责任之所在。

路面上的下水道盖为什么是圆的？因为正方形的盖子会掉下去。如果是等边图形，比如类似于转缸式发动机的三角形，也掉不下去。但是，这样的盖子很难嵌入洞口。所以下水道盖被设计为圆形。铅笔的截面设计是六角形，是因为圆的容易滚落下来摔折笔芯。第一次听了这些后，我不禁点头称是。其实，设计的核心连孩子们都可以领会到。在某个瞬间，我们会突然明白："原来这就是设计啊！"从此，我们的眼前就会呈现出另一个世界。这样的教育，越早开始越好。

阿部：我的设计恩师是教小学手工的小池敏夫先生。小池先生好像很懂得应该让我们早一些接触设计。他在手工游戏课中融入了高水平的设计本质，并把它教给了当时只有十岁的我。我后来取得了建筑方面的学士学位和工业设计方面的硕士学位。我几乎没有接受过所谓"设计的基础教育"。当我回过头来思考自己在设计学校学了些什么的时候，发现自己的所学几乎都来自十岁到十二岁期间，来自小池先生的手工课和工作俱乐部。在工作俱乐部，我们用校舍的废木料制作海盗船和能坐好几个孩子的玩具恐龙。因为玩具恐龙是供孩子们玩的，我们必须把躯体和基础部位做得很结实。现在想来，设计的本质都体现在里面了。虽然我花了几十年的时间才意识到这些，但真的感到很幸运。因为自己能在这个年龄终于明白了，没有小池先生的手工课，就不会有现在的我。那时候的"工作"就是我孩童时代的生活啊！

原：设计来源于日常生活，却又高于日常生活。人们常常把"设计"与"师"相联系，这就难免造成一种误解。我是一名设计人员，作为设计的专家我确实发挥过一定的作用。但我同样认为，自己也是一个"靠设计活着的人"，并且这样的意识在逐渐增强。

阿部：您真是在很快乐地做着工作啊！

原：只是当我想到应该如何把握生活时，才发现自己并没有从父亲那里学到关于“衣食住”的智慧。比如“这样的生活是理想的生活”、“关于孩子的教育应该这样想”，甚至“在什么时候、应该如何建立自己的家”等等，都没有学到。我很晚才发现了榻榻米的好处，切身感到拉窗和屏风的价值是最近的事。我也没有很透彻地思考过木质地板的房间和灰浆的意义所在。我的父亲虽然很早就去世了，但也是在我读高中时才从我的生活中离开的。按理说，父亲应该教给我一些东西。父亲在家的时候，总是穿着和服，可能我没有领悟到吧！但日本人的生活在这几十年间发生了很大的变化。如此大的变化是祖父和父亲怎么都想不到的。我想，大多数日本人也都像我这样吧。日本的文化实现了什么样的生活的质量，并创造出一个怎样的空间，我似乎多少读懂了一些。这也得益于自己能够通过设计放眼世界吧。

通过设计，我第一次明白了这些。我在世界上转了一圈之后，重新回归到自己的生活。当发现了蓄积在自己文化中的“质”时，我对日常生活的希求以及所求的水平也随之发生了变化。因此，我很想了解欧洲人在过着怎样的生活、他们的生活希求是什么。市场活动勾起了人们无节制的欲望和需求，并使其得到满足。比起由此产生的文化，由设计唤醒的生活，才会真正让这个社会变得更加丰富。我认为，很早就领会到这一点的经济文化圈，将引领下一个时代。

设计创造生活

阿部：听了您刚才说的话，我想到，如果用自己的话将“设计”翻译成日语的话，译成“创造生活文化的职业”怎么样？为了从事高品质的建筑和设计，也为了过高质量的生活，自己本身有必要过由文化作为支撑的生活，而且有必要不断丰富支撑自己生活的哲学。这样的设计和靠热销商品得以流通的“设计”还是有区别的。后一种设计是靠“买来东西放到那里”这样的行为来丰富生活。

原：不能受“必须创造出新的东西”这样的意识所驱使。

阿部：设计是一种创造生活文化的工作。我总希望自己能够回到五十年前、一百年前人们的那种工作状态。那时候的人们，都非常认真地思考如何用设计来创造生活文化。比如陶特的时代、佩里安的时代、莫纳瑞的时代、柳宗悦先生在美国讲课的时代、法国文学学者内藤濯先生向建筑系的学生教授安德烈·莫洛亚（Andre Maurois，一八八五～一九六七，法国小说家）的《生活的智慧》的时代，我们可以从那个时候的书上学到很多东西，而这些东西都得自己去学。

原：是啊。

阿部：“生活文化”这个词对于某一辈人来说，可能会显得有些过时。相反，对于现在十五岁左右的孩子们却很新鲜。当他们问到我：“您是做设计工作的吗？”我说：“我是做‘创造生活文化’工作的。”也许这样说，我可以清楚地向他们传达我的“设计”与世俗观点中的“设计”的不同。

原：我们成长的那个时代，学校的家庭课教我们做“粉吹芋”（日本的一种土豆料理）、做缝纫。学校应该教授学生生活文化吗？在欧洲，生活文化是怎样传承下来的呢？比如说，父亲教会儿子家具应该怎样买，怎样装饰床，家庭晚餐应该是怎样的，为了避免在客人来了之后引起麻烦，盘子应该怎么准备、准备多少，或者是葡萄酒杯应该怎样选等常识。当我们开始意识到这些的时候，这个世界就会慢慢连缀在一起。这些不是谁传下来的，而是在生活中自然而然演变而成的。但在明治时期（一八六八～一九一二）以后，日本人的居住方式发生了巨大的变化。这时，已经很少有人知道应该怎样准备盛意大利面的盘子和盛乌冬面的海碗了。现在，我们虽然能见到漂亮的厨房，但碗柜内侧的精心设计已经不怎么能见得到了，人们也没有对此做深入思考。这样的智慧没有得到积累和保存。

阿部：现在，“寿司吧”在柏林很流行，那里的东西是欧洲人第一次接触到的“欧洲的和风料理”。因为大半“寿司吧”不是由日本人经营的，所以在这些地方是不可能学到拿筷子的方法和端碗、端茶杯的方法的。当然，那里也不会有放筷子用的筷架。他们把盛酱汤的碗放在茶碟上，再带一个汤匙就端给顾客了。（笑）顾客喝完酱汤之后，就会上来寿司，里面添加了盘成一圈一圈的山葵，看起来十分花哨。吃完后，人们会想，对身体如此有益的酱汤应该每天都喝吧！在试图把这种新的生活习惯引入自己的生活中时，他们就会想到，首先得把茶碟、碗还有汤匙买回去。那么，怎样放置这些东西呢？玻璃酒杯该怎么买呢？也许就是从这个时候起，欧洲人的生活方式出现了混乱。生活方式不是只要有工具就可以解决的。在成人之后，你就要充分地留意生活，把学到的刻在心里，只有这样才会懂得如何生活。

原：在考虑生活背景时，我想或许正是孩子们在长大成人的过程中把握生活的方式决定着这种文化的未来。为了更好地明白这一点，我们需要更加深入地想一下，孩子们是如何长成大人的？名牌对超日常的欲望极具影响力，却不怎么关注日常的欲望是怎样产生的。这是我们迄今为止没有正视的问题。

保守与设计

原：我认为欧洲的文化是保守的，而且是一种古典的、墨守成规式的保守。这和日本的政治家所采用的“保守”不太一样。日本的“保守”是一种既奉行美国主义又保护资本主义的态度。相对来说，欧洲的“保守”比较正统。

阿部：啊，我现在脑子有点儿混乱了……什么是正统的保守呢？

原：欧洲的保守是怀疑进步。也就是说，不管你拥有多么天才的合理性，人类经过几千年沉淀下来的睿智是不会因为一代人而覆灭的。即使要覆灭了，也是以极为慎重的态度为背景。这是一种极其尊重积淀下来的文化的思想。这种保守过于顽固，以至于欧洲的年轻人有时会将文化和设计导向朋克风格。

特别是英国的设计，时时飘荡着这种浓浓的气息。在欧洲，撞上保守的墙壁之后开始摸索新事物的态度几乎和“设计”成为同义词。

我感觉最近的设计潮流稍稍有回归保守的趋势。看看那些干着极其安定的工作的设计者们，你就会惊奇地发现，他们的设计作品并不带有鼓动性的华丽，他们所从事的工作，就好比是以先辈们的想法为基础，再加上一层智慧。这和体育上创造新的世界纪录很相似。也就是说，如果没有从过去已经解决的问题中学到一些睿智的话，就不能说是真正的进步。这绝不是“去年是光滑的，今年就弄个满身是刺”，只要是新事物就无条件接受的价值体系。哪怕是一层薄薄的皮，也要将其加到睿智的上层。我认为欧洲所具有的是这样的创造性。

时装和流行趋势是商品消费循环中特殊的一个环节。如果把它们和这里所说的“设计”混为一谈，那就很复杂了。所以，这里先不涉及趋势与流行。比如，评价叉子形状的好坏，需要以文化作为背景，否则无法进行评价。您在欧洲待了十七年，在此期间受到各种各样的人的指点和鼓励，不知您是怎么看待这种情况的？

生活如何被继承

阿部：欧洲各国虽说都属于欧洲，但民族、宗教、阶级各不相同，城市和农村生活也完全不同。从我有限的经验来看，如果欧洲存在传承生活文化的稳固结构，也是以父母的生活哲学为基本——生活应该是这样的，家庭应该是这样的——一代代人从父母那里接受这方面的教育。衣食住的种种规则，包括时间和金钱的使用方法等在欧洲都受到了宗教的严格规定。《圣经》可以说是欧洲人生活方法的绝对教科书。好像越是成长于宗教观念比较牢固的家庭里的人，越会从父母那里很纯粹地继承生活文化。

原：所以，宗教成为生活意识的低音伴奏，对吧？

阿部：在日本，所有看起来似乎很完美的老规矩从很早以前就已经不再发挥作用了。这样一来，日本反而自由地确立了创造性的生活文化。就连比我父母辈分更长的人们，在创造生活文化时，也都发挥了各自杰出的创造性。比如选择自己喜欢的餐具，巧妙地把握和风和西洋风各自好的地方，再用自己的方法将其加以组合。连在不知道用什么材料做是正确的情况下做出的外国料理，也会像模像样地端给顾客。他们还以一种与时俱进的形式将其自然而然地传给下一代。

只是这样的家庭生活文化可以由母亲传给女儿，但不怎么能传给儿子。因为女儿一般都会帮助母亲料理家务，学怎样做饭，但儿子不会这样做。儿子结婚之后，会有妻子接着做家务。在日本，人们会认为男的只要学习工作就好。近年来，日本男性由于不得不面对生活文化，开始觉得混乱非常。

原：感觉男子汉们不应该进厨房。但是，听说在武士家庭里，从很早以前就是由喜欢料理和接待的大人在厨房里亲自指挥。我觉得喜欢干家务的男性也不少。但不管怎么说，关于创造生活的方法，日本只有激烈变化这一点是可以确定的。

阿部：在欧洲，尤其是天主教信仰深入人心的地方，也许就没有这种自由了。女人结婚时要从娘家带上代代相传的嫁妆，从全套餐具到家具，一下子都会带来，供家庭使用一辈子。生活方式也被宗教规定得死死的。我的一个学生曾经让我看过他祖母的嫁妆列单。其中包括了大量的生活用品，从餐具到餐桌布，从烛台到家具还有寝具，都够用一辈子了。虽然也需要修理，但带来的东西真是多得不用再买了。

原：在日本没大有买全套餐具的机会。结婚的时候也许会需要，但也有很多是自己不能选择的。比如夫妻茶碗和碗之类的东西，经常和自己的爱好没有一点关系。

阿部：还有给客人的回礼之类。（笑）

原：送来的东西也有很多啊！（笑）

阿部：回礼的起源是过去的人们将生活必需品进行分配吗？

原：这是物物交换的习俗的残留，心意是很重要的。

阿部：那个时代没有根据自己的兴趣，买自己喜欢的生活用品这种习惯啊！不过，我在意大利见到的极具欧洲古老风格的家庭还是给人这种感觉。有那种因为家里没有准备好，即使有对象也不能结婚的儿子。据说，他们必须向亲友们展示一下“我们要住这样的房子”，然后，他会列出需要的生活用品，由亲朋好友来为他置办。所以，在房子修好的那一瞬间，抽屉里也会变得满满的，足够用一辈子。

原：亲友们会给凑钱？

阿部：是的。在日本，庆祝仪式上也会摆出齐备的生活必需品。新婚夫妇准备好带有一切家具什物的理想的房子后，再开始生活。过去的日本也是这样的。

由父母传下来的文化

原：我对欧洲的年轻人多大程度上继承了上一代的文化很感兴趣。年轻人是如何学会生活方式的？在您生活过的德国和意大利，年轻人的生活方式是从祖父母和父母那里学来的吗？比如说家具的摆放方法等。

阿部：那位嫁妆齐备的老太太的年方二十五岁的孙女过的是怎样一种生活呢？她只是带上了必需品，就从德国南部的故乡来到了柏林，开始了清贫的学生生活。随后，她孟加拉国的男朋友也搬来和她一起住。床上铺着像体操垫一样的褥子，餐具大都是从跳蚤市场买回来的。但屋子里打扫得干干净净，还郑重其事地装饰着一个古式的壶，是从奶奶那里传下来的。她甚至用那套茶具招待过我。看起来她就像是在制定自己的生活规则，并对这些规则加以热情的讴歌。无论是这样的柏林革新派女儿，还是意大利的深居家中的儿子，都是比较极端的例子，但我们可以看出，对下一代影响最大的还是父母的生活。为数不少的年轻人和父母过着几乎相同的生活。

原：像窗帘挂两层、桌子离墙壁这么远、摆饰品放到桌子的正中央……

阿部：那一定是由母亲传给女儿的。而修建物理性的家的方法是由父亲传给儿子的。在所谓老百姓阶层的家庭生活中，维修房子或改造房屋一般都是由父亲在休息日的时候来干。父亲经常会向儿子叫道："喂，您也来帮一下！"让他搬重物、做木工活儿等这些应该由男人们做的事。这里好像也有种通过做体力活儿，证明自己是个男人的意味。去德国典型的正抚养着孩子的人家看一看，您就会发现，每户人家的地下室里必定会有一间父亲的工作室。

原：工作室吗？那不错啊！

阿部：那里通常会有一整套的工具。"把这里修一下吧"、"搭个隔板吧"、"在这里增加一块小空地吧"，面对母亲的一个个要求，父亲都会大显身手。父亲干着物理性的活，而决定权握在母亲手中。（笑）日本的嬉皮一代（日本出生于二战后一九四五～一九五〇年间的一代人），很多人否定了父辈的生活方式，主张自由和回归自然。他们买下一块像田间小牛棚一样破烂的地方，然后花费好几年的时间，把那里改造为自己的居住地。现在的学生就是一边帮助父母建设着这样的家，一边成长起来的。所以，不管男生还是女生，在展览会的会场布置上，他们都很能干。而且，他们似乎早已习惯了母亲的监督，对于女教授的监督不会感到一丁点的不舒服。这里这样啦，那里那样啦，听着这些指示，他们总是愉悦且积极地工作着。看到这些，我想这些孩子在家里一定经常帮大人干活，生活方式被很好地继承了下来。

原：在家里，繁重的工作属于父亲的工作范畴吧！

阿部：是的。但像内部装饰这样细小的生活文化，比如说靠垫、窗帘等，按照传统则是属于母亲的工作领域。

原：日本也是一样。这么说来，我倒想起我父亲也有一个工具箱。锯、凿子、刨子，还有装满了一糖罐的钉子，都收拾在了一个发黑的箱子里。的确，都是父亲在搭隔板、修木板套窗、做狗窝什么的。

阿部：那时，“星期天的木工”就是指父亲。但是，在修建现在的日本居民大楼时，这一说法可就变得不能实现。即使父亲再大显身手也不能扩建房子什么的。

原：因为对于这样的工作，外行已经不能随便插手了。不是专门从事这个行业的人就不能很好地完成。

阿部：因为是租赁的房子，所以还不能钉钉子。如果是木制的房子，就会经常有需要修理的地方，“星期天的木工”也会有大显身手的空间……而母亲所承担的内部装饰工作，无论到了哪里，都是必不可少的。

成为自己的家

原：家里的家具搭配也是在生活中学会的。比如，欧洲人将照片装饰得满墙都是，好像个个都有空白恐惧症似的。

阿部：是呀！墙上密密麻麻的都是家人的照片！

原：如果没有这些东西就没有家的感觉吗？难道是室内装饰观有所不同吗？过去日本人的家里没有这种乱糟糟的感觉，家里是不会摆放什么东西的，需要用的时候，就从库房或抽屉里把东西拿出来，用完再收拾回去。这是当时日本人的室内装饰观。在家中，尽量不摆放任何东西，以保持简单朴素、干净整洁的状态，这被认为是最好的。

阿部：日本人确实是这样。但我最近发现，欧洲的这种状况有着它更深层次的意义。在欧洲，陆地相连的地方密密麻麻地居住着多个民族。有一天邻国的军队突然侵入，没收了人们的房子和财产，强行让这里的人们移居他处。还有可能由于什么纷争，人们不得不带着能带上的东西逃到安全的地方，或者索性就在自己的国家过着流浪的生活。欧洲就是一块不断发生这种纷争的土地。当逃到一个新的住处，人们就会把珍藏已久的已经无法再相见的家人的照片装饰到墙上。于是，这里便成了他们的家。在欧洲，几乎很难找到没有因战争或纷争而与家人离散的家庭。我们经常会听到，欧洲人在追溯家谱时，说爷爷是意大利人，奶奶有波兰人的血统之类的事。这就是满墙照片的意义之所在。他们把家人的照片装饰在墙上，也就把记忆装饰在了墙上。这是他们把这房子变成自己家的第一步。当记忆装满一墙壁时，家具也会随之变得多起来。这时，那里便不再是暂时的栖居地，而成为他们可以安心生活的家。

原：欧洲人将血统作为家的象征。

阿部：二战后当日本已经进入非常和平的时期时，欧洲仍不断地发生着各种纷争。欧洲人一直在通过欧盟这一组织增加一些共同的规定，努力制止类似事件的再度发生。但谁也不知道这样的纷争什么时候还会发生。欧洲人经常随身携带家人的照片。当我们为他们的恋家而感叹时，他们却说："如果没有照片，用什么来寻找家人呢？""请随身携带您家人的照片"——这似乎已经成了一条不成文的规则。这种习惯就来自这样的生活体验。

日本和欧洲的战后生活

阿部：在日本，大批人因战争失去了从父母那里继承下来的家业以及职业，他们来到都市工作，创造了经济的高度增长。与此同时，很多生活文化成了牺牲品。男人们像牛马一样拼命干活，在家吃过晚饭后就累得像死人一般睡觉，他们在家连休闲的时间都没有，这种状态一直持续到二十世纪六十年代。在外国人看来，这确实十分异样。生活方式混乱等问题的根源或许就在于此。

原：很多日本人把工作当做自己的一种身份，或许我也是这样，但这是以牺牲非常宝贵的东西作为代价的。

阿部：二战前，不管是守着日本传统文化生活的人，还是吸取欧洲的生活文化来生活的人，他们都坚守着一定的生活哲学。战争过后，所有这些都变得混乱不堪，尤其是都市生活，人们被逼得来不及复原自己的生活空间。在想起祖父曾经居住过的家的种种好处之前，美国式的“理想之家”作为一种富有的象征，首先闪现在人们的脑海中。人们以此为人生的目标，不停地工作。到了人生的最后阶段，人们终于还清了贷款。这时，你再问他们：“在这样理想的家中，您准备怎么生活呢？”他们才发现自己根本没有积累下生活哲学……这不正是日本现在的状况吗？不超过三代，生活的传承就变得模糊不清。现在不正是我们对留存下来的、失去的，有再生可能性的、不能再生的东西做出分析的时候吗？脱了鞋进屋的生活文化被留存下来了，但围坐地炉的文化却正在消失。是更新，还是丢弃，对这些东西进行一一确认非常重要。

原：是啊，房间里是铺木板还是草席，是使用被褥还是使用床，是用纸拉窗还是窗帘……

阿部：日本处于这种状态时，地球另一侧的美国，十八岁的孩子正毫无疑惑地过着和父母几乎一样的生活。（笑）或许是家庭的生活哲学受到天主教的严格限制，在意大利，人们也是过着和父母一模一样的生活。我听一个来自南意大利、鼻子穿孔的十八岁男孩说过，他在米兰的住处吃从外面买回来的比萨饼时，会问：“那个，桌布在哪儿呢？”他吃这种东西，也一定要铺上桌布。有个男学生，他用母亲亲手做的番茄酱为我做简单的意大利面的时候，也一定要一边煮意大利面，一边将盘子放到烤箱里热一下。好像是意大利妈妈的声音

从老远的故乡传来似的，“朱塞佩！不能把热饭直接盛在冷盘子里。”（笑）

原：确实是这样啊！这个很容易理解，德国也一样吗？

阿部：德国虽然没有经历日本那样的大变革，但因战败和经济高速增长，也牺牲了很多生活文化。就像人们说的那样，“二战后德国人灭绝了”，至今德国的男女比例还很失调。很多男人死于战场，所以很多人是由他们的母亲一手带大的。正因为此，“由父亲传给儿子”的这种传承成了牺牲品，阻碍着现在的德国社会迈向成熟。

欧洲男人的生活琐事

阿部：我观察过很多欧洲家庭的生活。我首先注意到，围绕着生活琐事的男女分工和日本很不一样。在意大利，很多家庭在周末晚上招待客人，出去购物是男人的工作。星期六下午，意大利父亲们站在肉店前排队，这恐怕是现代版的狩猎吧。他们不是进入森林捕捉熊，而是在肉店买肉。“孩子他妈，今天又让我做一把手啊！”（笑）准备供客人用的大桌子是男人的事情，真正烤肉的也绝对是男人，似乎给人以这种感觉：“女人烤的肉能吃吗？”虽然煮番茄酱和煮意大利面是裁缝的延续，是妈妈们做的事，但真正做饭是需要力气的，我感觉还是男人们的工作。德国是这样，瑞士、法国、爱沙尼亚也都是这样。这或许是狩猎民族、食肉民族的遗风。比起农耕民族，他们做起饭来很有活力，可能是解剖鲸鱼的延续吧。（笑）十七年间，我在欧洲各地的各种家庭中做过客。我到这些家里玩的时候，展示做饭手艺的大都是男性。妻子们最多也就是做做沙拉、烤烤镶满水果的蛋糕。她们平时插得上手的，不是像日本那样的真正料理，而是往面包上涂点东西、摆放火腿和奶酪。

原：在我家，由我来做萝卜泥、意大利香辣面，还有往盘子里摆放螃蟹、切片的火腿……

阿部：哦，您也通过做力气活来显示自己是一个大男子汉啊！（笑）我住在集体宿舍里，邻居中有各种各样的家庭，从老夫妇到有小孩的年轻夫妇。但去附近超市的往往是一个人生活的寡妇或者是男性顾客。在德国，置办食物的也是男人，因为买的东西比较重。我去老夫妇的家中玩，妻子拿出过去的照片给我看，而为我泡茶并且准备“简单”食物的是她的丈夫，女人只要聊天就行。（笑）当我做出够好几个人吃的饭时，心情会很爽快，做饭有释放压力的作用。所以，在研究会合住的宿舍，我经常带头做饭。但准备桌子、洗盘子，则是由男性队伍全权负责。与其说他们在帮女性的忙，不如说他们就是在做他们男人自己的工作。这些工作早已深入他们的骨髓。

“日本传说”般的生活

阿部：日本的家庭形态真是很不一样！在设计发生变化之前，生活就已经发生了变化。我的祖母是在冈山农村长大的。听祖母讲她过去的事，就像是在听日本传说一样。祖母说：“我小的时候，像兔子一样经常在山野中奔跑。呼呼地冲下山坡，往回返的时候，先冲破前方的障碍，再返回。”

原：单脚旋转！（笑）

阿部：是，单脚旋转。因为是在山村，所以分家之后就会成立一个新家。祖母的新家在山的另一边。有一头牛每天都要去祖母的新家，不知道是去那里吃草还是耕田，总之这头牛一到黄昏的时候就会回到祖母的家。祖母到新家玩，回来的时候，就是骑在牛背上的。听说，当时那只牛已经年老力衰，有一天祖母骑着牛回到家，刚从牛背上下来，那只牛就倒在地上死了。真是可怜啊！我的前两代过着这样的生活。祖母爱上了来到她家的做菜师傅，但最后却被迫嫁给了未曾见过面的祖父。（笑）河水泛滥时会把衣柜冲走，所以他们用绳子把衣柜拴在柱子上。这让我感到有些不可思议。日本山村过去的家庭大都过着这样的生活。

到了我的父母亲那一辈，就独立出来生活，家庭也向着小型化家庭发展。我父亲二十三岁的时候就和母亲结了婚，我有一个妹妹，是四口之家。而现在我有一个孩子，是三口之家。因为小孩出生得早，所以独立得也早。我和妻子在四十五左右的时候又回到夫妇二人的生活。我住得离父母很远。最近，不结婚的人也多了起来。所以，日本不仅存在明治维新时的日本文化断绝的问题，在最近二三十年间，人们的生活方式也发生了翻天覆地的变化。听了祖母的故事之后，我深切地感受到这一点。我想，存在于自己心中的，真的是日本吗？

祖父的生活

阿部：在柏林读书的学生，有很多都受过父母离异的打击。另外，在经济全球化的影响下，生活中出现了很多全球化的商品。很多学生为了寻找自己究竟应该继承什么的答案而来到柏林，他们好像可以叫做“生活文化难民预备军”吧。他们对设计本身没什么兴趣，可能是想通过设计来检验自己的生活文化。在米兰展会场，一个戴着脐环的年轻人在布鲁诺·莫纳瑞的录像前聚精会神地坐了几个小时。他大概知道了今年流行的，或者是那些很棒的家具也不能让自己的生活变得更好吧。他们很努力地想从前辈那里听取父母并没有教给他们的东西。

我正在做一个名为“Make Do”的设计项目。这个项目的宗旨是“即使是已经没用、过时的东西，也绝对不能扔”。大部分学生选择了爷爷、奶奶们用过的东西。他们的理由是多种多样的：因为有真实感，因为已经买不到了，因为有回忆……但是我觉得，在这个几乎什么东西都能买到的年代，那些无论如何都不能扔的东西，充分显示了人们生活文化的根本。以这个为出发点来进行创造，生活一定会很舒适。

原：欧洲很重视持久性吧？人们即使经过战争，到现在也还和曾祖父那一辈的生活有联系。

阿部：多半是这样。思想和社会的现代化，都是在曾祖父的时代确立的。大家的生活进入现代模式，还要再花两百年吧。

原：现代设计的思想不是已经产生一百五十年了吗？一百五十年都没发生什么太大变化，两百年也不会有多大变化吧……

阿部：很多人都会想为什么要扔东西，可能是因为有勉强扔东西的经历吧，也可能是把越旧越有价值的东西视为财产。

原：所谓古典，就是这种东西吧？

阿部：欧洲的现代主义，就是先确立思想和社会的现代化，再由和现实不符的形式，慢慢朝着与现实相符的方向发展。可能是觉得把上乘的古董家具组合起来，就能实现现代生活了。所以，连旧房子和旧家具都不放弃。现在，有很多人觉得，即使买便宜的现代家具，也要留下钱来买个感觉庄重的古董。在日本，排在“低价现代家具”后面的是“高级现代家具”。相比之下，欧洲给人的感觉是来回变化的。怎么说呢，现实中留有很多古老的建筑，如果每个都能……

原：您是想说重修古建筑内部的风俗吧？在日本，“新建”这一理念不可思议地扎根了，似乎新的建筑物就很有价值。建筑师隈研吾先生，在《建筑欲望的终端》一书中，提出了“住宅本位制资本主义”这一说法。日本的经济是住宅本位制，到最后连住新家都成了人们的梦想。在新建筑物里寻找突然成为一个国家或者一个城市的主人的感觉。如果所买的房子必须供自己住而不能随意卖掉，这和租房子是一样的。留意到这个事实，就有人开始租房子住。

最近，终于出现了内部装修等用于保护古建筑的设想。欧洲从很久以前就一直在这么做。

阿部：欧洲对于新事物是很怀疑的吧？感觉如果不多花点儿时间就不会知道它的真实价值，等大概五十年之后，就会有一些信任了。旧东西是财产，也是一种自豪。所以不了解日本情况的欧洲人，单是从表面看日本，是不会明白有着悠久历史和诸多文化遗产的日本，为什么要去崇拜、模仿那么年轻的美国呢？为什么要憧憬那些便宜的美国房子呢？为什么不去修复、还原那些积淀着历史的父母的房子呢？在日本，一旦引入新事物就要刷新很多东西，生活虽然有点混乱，人们却能很快适应。但是现在是应该认真思考的时候了。我们不应该只过着新事物不断变换的生活，而应该去追求新的生活。就好像扎根于地下的植物，要在嫁接的枝条上长出的新芽一样。

设计要走向什么方向

原：二战后的日本是这样的，而意大利和德国对于二十世纪后期又有怎样的规划呢？我对这点也很感兴趣。经济全球化是一个惊人的变化。冷静而透彻地寻求财富的人们都能顺利地获利。在这样的世界里，保守的欧洲也不得不改变思想。

我认为，随着原子弹的落下，战败、公害、泡沫经济造成的经济停滞，都可以看成是日本前进的动力。日本曾经以为GDP的增长可以使国民生活幸福，因此多少走了一些弯路。现在，日本保护自然的技术已经排在了世界最前列，代替化石燃料的新能源和环境技术也已经站在了世界的顶端。日本有了新的审美文化，比起奢华，人们更喜欢简洁朴素的生活。年轻人开始意识到明治维新所产生的巨大冲击力，也渐渐明白把自己过去的文化评价为异国文化是何等的数典忘祖。他们开始隐约理解，在日本的文化积淀中，隐藏着很多能在今后为世界作出贡献的文化资源。我认为这都是一些觉醒。

当今世界，在聚集世界财富这一点上，美国是非常有优势的。但是，这种以美国主义的成功为主导的奢华生活文化，对于今后的世界又会有怎样的影响呢？会不会成为让人尊敬和羡慕的对象呢？成功需要选择一条合适的道路，生存在这个极端不平衡的世界里，如果不这样做，是不受欢迎的。在占有绝对优势的情况下，集中精力支配财富的态度稍微有点儿不合适吧？设计不应该用来修饰这种傲慢的富有。

阿部：设计原本就不应该单单是为了满足一个富有的老主顾，而是应该留下一部分，作为对于日常生活的解答。设计应该献出自己的智慧，为不同领域的人设计全新的生活。这样就会有很多人受益，也才能真正发挥出设计的价值。

原：由于价值观不同，不存在被全世界尊敬的生活方式。作为智慧结晶而设计出的精密厨房也好，宽敞漂亮的衣饰间也好，这些像是用来比拼生活用品的设计我都不是很讨厌，但如果是由我自己设计，还是会有所不同。

阿部：这么说来，如果设计不出高品质的作品，就会感到很寂寞。

企业买卖的现实

原：最近，形成日本经济文化背景的企业文化逐渐淡薄，变得更讲究利益优先。那些新兴企业的年轻业主对于做生意有着出色的独创性，但对于文化却缺少责任感。对于那些和自己的利益以及兴趣没有直接关系的东西，他们表现得比较冷淡。现在，不管是财阀，还是付出了毕生精力最终致富的实业家，抑或是那些处于高度发展中的杰出企业家，都逐渐意识到了自己所承担的对于生活文化的责任。

阿部：我也这么认为。制造者可以通过产品来为生活文化作出贡献，这也符合哲学道理。

原：现在企业是属于股东的，企业运转良好就等于提升股价。那些处在创业之初的人，并不是为了生产出优质的汽车或者收音机而经营企业。如果业绩不好，他们就会卖掉企业转而投资到其他地方。世界上已经出现了这种利益优先的思考方法。当然，如果不能应对这样的动向，可能就要落后了吧。

阿部：但是，这样的动向会持续多久呢？如果这种现象长期存在，世界不是就会崩溃了么？这对人类的生活就会产生冲击。

原：这并不是一种趋势或热潮，只是经济活动在朝着这个方向发展，而精通这些游戏规则的人就会变得越来越富有。这确实是个大问题啊！

阿部：这样的世界能持续多久？不是自取灭亡吗？

原：冷静一点来看，现在的企业已处于金钱游戏中。必要的话，卖掉业绩不好的冰淇淋生产部门，转而投资给那些很受市场欢迎的生产健康凉鞋的工厂，借此来保持企业价值，也是现在的经营者很重要的任务。优秀的经营者既可以做清凉饮料，也可以生产汽车。他们学习“MBA学位”，就是美国的经营管理学硕士，但他们学习的东西，不过就是些不为人知的关于金钱运用策略的手段。他们以各种方法积累智慧，尽可能降低自己公司的风险，使企业顺利发展。实际上就是在学习那些让生意得利的技巧。

阿部：利用那些不为人知的手段来摆架子，稍微有点儿不合适吧……

原：是啊。有关金钱运用的策略，世界上所有人都在学习。有些国家在游戏中占有优势，这些国家的人慢慢把技巧教给周围的人，再从他们那里赚钱。所谓全球化，也是把这种思想向全世界说明的一个过程。取得MBA学位，就是获得如何改变企业规避风险的技巧。有着这种技巧的人可以很高明地挣钱，把住进带有游泳池的房子作为目标。这是无法忽视的现实。

阿部：例如哪些事情呢？

原：比如收益明明已经很高了，却对产品的文化价值和美感置之不理，一味追求高增长率。这是因为如果不承诺给股东很高的分红，股价就不会上涨。有人会觉得，股价那么高不是挺好吗？事实并非如此。一旦股价下跌，有吸引力的企业就会面临被投资者或竞争对手收购的危险。也有人认为，股价上扬的企业，在全球化的竞争中应该不断努力，使股价稳定在高价位。当今世界好像在这种竞争原则的前提下，有着同样的价值标准。意大利、德国、日本和中国，都脱离不开这个潮流。所以我对意大利、德国这样的制造业国家如何保持企业风格有着浓厚的兴趣。

随波逐流的米兰

原：我想知道，在这样的潮流中，意大利的制造者们是抱着什么样的想法在制造东西呢？企业在社会中有着不同的角色，任何企业都不能脱离社会，而是完全融入其中。调查一下就会发现，不管是职员个人还是整个企业，都是带着这样的意识工作和运转的。不管怎么样，这种经营形态应该是全世界共通的吧。

阿部：意大利确实也有可能遭受损失吧？

原：嗯，意大利的情况看起来是有一些改变。

阿部：现在有人买入意大利的品牌，再把它卖掉。还有的年轻人就是因为梦想自己的企业能卖个好价钱才开始创业的。

原：也就是提高公司股价，出售，然后完事。

阿部：在这样的结构中，金钱和暴利简直是一回事。所以必须确立其他的价值观。最终卖掉企业，职员和设计师也就一起卖掉了。

原：那些从事制造业的意大利企业，和您去的时候有什么不同吗？

阿部：像Olivetti公司等大型企业，已经凄惨地被这种世界潮流吞没了。不过意大利的大多数企业，都是由爷爷奶奶、姑姑伯伯、妈妈爸爸、儿子女儿、孙子曾孙子等组成的规模不大的家族企业，除了拥有自己的品牌，还要避免成为收购目标。在人们的心目中，意大利的变化，似乎是从海湾战争开始的。意大利和欧洲其他国家相比，到现在还留有一些手工艺文化，但是在米兰等地，这种文化也淡薄了。二战后经常设计出出色产品的家具公司，在被收购之后，就开始更注重生产引人注目的产品而非好的产品。单凭显眼的广告来提升品牌价值，然后毫不吝惜地转手卖掉。新的业主会认为："那种东西，只要有手，在哪儿都能做。"对于这些人来说，手工艺者没有任何价值。我住在米兰的时候，觉得那么繁华的商业城市的中心街区，方圆五百米之内的手工艺者几乎可以做出所有东西。既有木匠，又有焊接工人；既有出售各种材料和工具的店铺，又有个人商店。所谓制作东西的城市就是这样，有着巨大的魅力。

原：您刚才说过，已经习惯和一些老手工艺者聊天了吧？

阿部：在米兰的中心街区，因为人口老龄化和不动产泡沫，这种魅力眼看着减弱了。比如，有一个在街道正中央开着一个小工房修理家具的老先生，房子是从朋友那儿低价租来的。但是那个朋友去世之后，由他儿子接手经营，他心想比起租给老先生让他做木工，租给别的公司会赚得更多。于是，就把房租提高了很多，把老先生赶了出来。这样的手工艺者，只在那个地区有顾客，一旦搬家就约等于没有工作了。

原：原来如此。

阿部：结果那位老先生搬到了别的地方，和志同道合的人一起开了个工房。但进展并不顺利，最终关闭了。和其他城市相比，米兰中心街区还留有一些手工艺文化的痕迹，现在也变得空空如也了。不动产店、广告代理店、保险公司，这些不制造东西的店铺明显增加。从二〇〇一年开始，这种变化日趋显著。

原：说到意大利的制造业，可以这样形容：父亲那代很穷，只能上小学。到了儿子那一代，就能去美国或者英国上大学了。他们回来之后，觉得父母的公司太小，想再做大点，就从美国和英国引入资本。

阿部：比起引入资本，不如说最终不再经营而作为品牌出售更合适吧？

原：是啊。出售之后，他们担任了类似行销经理的职位，留在企业里。但是公司的经营方法逐渐改变，变得不像意大利的公司。原本意大利之所以能从战败的废墟中站起来，是因为手工艺者的才能在制造业开了花结了果。这个阶段过后，金融和世界资本进入了意大利。另一方面，在压低成本的竞争中，亚洲一些国家异军突起，这些都给意大利带来不小的影响。

意大利的潜力

阿部：米兰周边虽然给人手工业会集的感觉，但意大利真正的手工业并不是在米兰，真正厉害的都是住在乡下深藏不露的人。那些在家族企业中完全自食其力，不靠国家不靠政府，像生活在独立国中一样的人，在意大利到处都是。在日本，中央只要有一点动静，对最偏远的地方都会有或好或坏的影响。但在意大利绝非如此，即使中央的国库空了，财富还是分别藏在各地的个人住宅中，这和世界经济的构成是完全不同的。如果人们通过公平竞争，引进那些最出色的手工艺者制作的像艺术品一样的原创作品，世界的财富就会流入意大利某一个小村庄里的人家。

原：但是，这种最出色的产品是面对世界上的有钱人而制作的高价产品吧？都是迪拜酋长或美国的富豪们用的东西，像最高级的沙发、最高级的浴室和厨房之类的。

阿部：即使是这样，手工艺还是广泛存在。购买这种厨房的人大多数都会雇用专业厨师，邀请的客人最少也在二十人以上。专业厨师为了大显身手，应该想要那种精心设计的厨房吧。而且，这样的高级用品，肯定都是那些世世代代住在米开朗基罗级别的住宅里，周围的日常生活用品都像艺术品一样由高雅的庄园主们所雇用的手工艺者发挥专长制作的。这种加贺市的贵人和九谷烧的手工艺者之间的关系，从中世纪开始基本没有发生什么改变。现在那些所谓的企业经理，怎么看都像是庄园主。

原：的确，看看意大利的家具制作技术，水准确实很高，有着其他地方所不能模仿的感性和技术的积淀。另外，价格也高得惊人。意大利的制造业正在向更高级的方向行进。

阿部：是啊。从某种意义上来说，如今可能到了意大利真正发挥专长的时代。像现在这样的时代，把“年轻的庄园主”这样吸引人的意大利说法融入产品之中，从而提高价格的手法已经越来越娴熟了。订单很多，但是业主既不着急扩大产业，也不在米兰成立公司总部。不管是多有名的人来，都说“要三年后才能交货”之类的话，让对方等很久。这样对方等不及，就会说：“如果我付双倍价钱呢？”这个时候再告诉他：“那就两年后交货吧。”（笑）原来让人着急也是一种经营策略，很厉害啊！

原：原来如此，很难对付嘛。

阿部：这样挣钱，无非也是为了守护房子。用挣来的钱修复爷爷的房子和村子里的教堂，自己的生活却和平时没什么两样。稍微富裕些，想赶赶潮流的时候，就找来世界一流的建筑师，在自己的地皮上设计一处前卫的建筑。即使世界灭亡了，这样的人也不会消失吧？在大国大肆活跃的时代，他们虽然小，但是独立，不放弃尊严，可能这就是生存下来的秘诀。

原：乐观坚定，有尊严而且独立，坚持自己的生活方式……原来是这样啊！我们现在所处的时代变化过于激烈，应该再认真地考虑下，在这样的生活方式中存在着怎样的幸福。

第七章 | 对设计的兴趣

科技可以带来幸福吗？

阿部：现在被称为生活必需品的那些东西，发展速度实在很快。发展同样快的还有现在的年轻学生，跟他们真是差三岁就一个代沟。他们这一代从出生就开始上网、用ipod，觉得胶卷相机是老古董。举例来说，我在二〇〇一年做第一个研究会的时候，每天的进展情况都用胶卷相机拍摄下来做记录，晚上把胶卷拿到冲洗室，第二天早上给大家看幻灯。学校只有一台扫描仪，不能当场就全部编辑完，最终花了一年的时间。但是到了二〇〇三年，所有参加者都拿着数码相机，照完就复制到电脑里现场编辑，在为期五天的研究会的最后一天，就可以公开记录了。把它拿给二〇〇一年参加研究会的的学生看，他们都说："这在我们那个时代是不可能完成的啊！"（笑）所谓"我们那个时代"，不过是两年前。

原：随着汇总速度的加快，做什么都能有更好的成果吗？

阿部：我觉得这样就节省了距离和时间吧。可以马上和外面的人分享内部的经验，这样的效率让我们获益匪浅。研究会结束之后，世界各地的学生都可以通过网络来联系。如果是十年前，也许带着一次共同的回忆就结束了吧。和其他人说起这些的时候，如果出现有共鸣的人，就一起开展下一次的研究会，确实是……

原：这样带来了新的快乐吧？

阿部：对我来说是这样的。可能也是因为在国外，我很享受这些新鲜事物。多亏了网络电话和邮件，在远距离交流的时候，连国际电话费都省了。这已经可以说是一种革命了。不仅工作方便，也可以和世界各地的亲人、朋友和学生很便捷地联系。如果想见面，坐飞机到日本只要十个小时。想想在祖父那个年代，要经过西伯利亚铁路，还要坐船长途跋涉，一封信寄到就要两个月。这些曾经受时间和距离的制约而不能做到的事情，现在很轻易就实现了……对我来说，这个梦一般的改变，不是幸福又是什么呢？我好像继承了祖先们想要完成这件事的遗传因子，然后为了它的成功三呼万岁。（笑）

原：我却在反复琢磨另一种说法——“科技没有带来任何幸福”。如果没有产业革命，我们的行动范围就会在很大程度上受到限制。即使如此，我们在一生中会幻想的东西可能还是那么多。多亏了发达的科技，我们有了更多的成果；然而，如果没有这些科技，我们是否能创造出同样多的好东西呢？

我们这一代出生之后，虽然飞机的速度变化不太大，通信速度却有了很大变化。即便是在很远的地方，晚上还是可以通过邮件和工作人员交流。但没有电子邮件，通过传真一样可以交流。有些时候，传真的效果可能会更好。如果没有传真，因为电话费太贵就不会联系了，这样就导致了联系的中断。但这是否就是消极的情况呢？旅行有的时候就是为了断绝联系，所以这种情况也有积极的一面。从整体来考虑科技发达的利弊，有时候会觉得："真的都是幸福，都是增强了创造性吗？"

阿部：的确，如果不知道如何驾驭科技，就会很危险。

原：如果自己的感觉不能和科技一起进化，就无法获得真正的幸福。坐车也一样，明明应该在高园寺下车，却坐到了吉祥寺。这中间也有人因为打了个盹，转眼间就到了博多。这还可以当做笑话，但如果发现自己在不知情的情况下，绕地球两周才来到高园寺，那就有点可怕了。工具本身并没有什么不一样，但是当远远超出自己感觉的工具接连出现的时候，"只要以人为本，工具始终是工具"这一论调就行不通了。

我一九五八年出生，可以说刚好赶上了因为科技发展而引起世界剧变的时代。我的工作也随着媒体形式的改变发生了很大的变化。我对纸的使用，不是因为下意识或者习惯，而是觉得如果不了解用纸的真正意义，就会随波逐流。既然从事的是交流工作，通过网络所进行的交流逐渐变成我工作的一部分，所以当然要考虑网络上应该有怎样的交流。但是，对于使用网络是否比不使用更幸福这一点，我认为应该有一个明确的观点。当然，这其中也包括是否给予别人幸福。

分享是一种文明

原：大概是五年前去伦敦的时候，我曾经路过一家生活杂货店，看到里面有很鲜艳的蓝色邦迪创可贴。当时觉得颜色很漂亮，就买回去做礼物，可是真到用的时候觉得一点儿都不好用。（笑）不过最近才终于明白了创可贴为什么会是那种颜色。

阿部：是啊，创可贴的颜色不能和肤色一样，而人的肤色又不止一种。

原：您知道得很清楚啊！在日本，创可贴的颜色和肤色一点也没关系。就算多少有一点偏差，大体上差不多就可以了。但是在伦敦这个不同种族聚集的大熔炉里，如果创可贴的颜色只能配合白人的肤色，贴在黑人的皮肤上就会很奇怪，看起来很显眼。但是，如果生产出适合黑人用的创可贴，又会让人觉得是有意的种族歧视，也不太好。虽然也可以配合不同肤色生产出各种颜色的创可贴，但是成本会明显提高。索性就统一成鲜艳的蓝色，因为没有人的肤色是像传说中的外星人一样的蓝色。

阿部：一般来说，创可贴是白色的或者透明的比较多。就算是彩色铅笔里也没有肉色这种颜色。

原：我看到蓝色的邦迪创可贴，觉得这也是一种设计。设计成蓝色是一种人文关怀的体现，会让人感觉到和平。可这是不是一种好的设计就不得而知了。虽然抓住了问题，也给出了一个答案，但我还是觉得用鲜艳的蓝色并不一定就能解决问题。（笑）像蓝色的邦迪创可贴这样的设计，应该有很多吧？

阿部：如果想要设计出达到国际标准的商品，就必须了解这个世界。

原：与其说是把国际标准作为目标，还不如说是费心去解决一个又一个很棘手的差异问题。之所以这么说，是因为整齐划一是很无聊的。如果不管是到欧洲还是日本，中国菜、意大利菜和法国菜等世界各地的饮食都完全一样，那就太没意思了。

阿部：真是这样。不管到哪儿都有麦当劳那样的快餐店就是一个发展趋势。如果想处理好国际标准和个性化之间的关系，就要逐渐发掘出各地的地方特色，找到各自的风俗文化中所特有的价值。

原：还是把“全球化”看成一个经济方面的专门用语更好一点，而不要把它扩展到文化领域。现在好像有一个不成文的规则：在财富管理中占有优势的国家，会逐渐把赚钱范围扩展到全世界。但另一方面，所谓文化，基本上就是指地方特色吧。也就是说，文化只可能是地方的。

阿部：分享也是一种文明。正因为全球化以这种形式向前发展，才体现出地方特有的价值。一个地方如果有其他地方所没有的食品，也许是一个飞速提升价值的机会。

城镇的振兴

原：日本人尝试用各种方法来振兴城镇，比如利用“家乡创生基金”。但是城镇并不是想振兴就能振兴起来的，即使勉强振兴了也未必能坚持多久。这种人为的改变会带来怎样的结果？作为一个设计者，目前我也找不到答案。

比如在日本纸的产地，有一家负责生产日本纸的博物馆。为了让那家博物馆的生产量可以满足全国的需求，我曾经试着帮助设计造纸的流程和设备。但是我的想法都是空想，真正去做的时候，我还是不能按照当地人的想法做出令他们满意的设计。

关于米我也有过很多思考。并不是要把产米地的大米放进好的包装里，而是要像法国的葡萄酒分级一样给大米也分出等级，建立严格的分级制度。这样一来真正好的大米就可以卖出更高的价钱了。我几经思考提出了建议，但并不一定能顺利实行。

阿部：在什么地方受挫了么？或者说，在哪里开始受阻了呢？

原：我是那种在逆境中才会更有动力的人，但是当地的人就算可以接受别人的建议，却总觉得没有干劲。由此产生的必然后果，就是会有怎么都认真不起来的感觉。在地方上，事态一旦陷入困境，就会在很微妙、很复杂的人际关系的影响下发生变化。比如从宏观上来看，在日本境内，这里应该是生产日本纸的大本营，而且生产者们又都很年轻。即使基于这样的分析制订计划，当地还是有外人看不到的力量关系，而且当地人会拒绝一下子改变原有的习俗。那些小的社会组织甚至会制造一些难以预料的难题。

即使有人能够做出行政预算，并且制定出合适的办法，计划也很难实现。这是不是和松茸的人工栽培差不多？就算种上了松茸的菌，却怎么都不能人工栽培成功。（笑）所以必须好好保护森林里的松茸，一旦全都没有了，就再也不能重生了。地方的问题就是这么敏感。想要做出能够有效改善这种局面的设计，就要很有耐心地慢慢来。如果不能从多角度来考虑问题，就不会有发展。您曾在瓦洛锡或者萨丁尼亚岛做研究会，也有这样的矛盾吗？

阿部：是啊。在瓦洛锡时受到了市里和国立陶艺美术馆的委托，确实可以说是被当做城镇振兴中很重要的一环。难办的是接下来的选举和补助金备受关注，而研究会好像不过是这些事情的工具罢了。当地的手工艺者说："做研究会的时候很开心，但是您和学生们一离开村子，就觉得没意思，没有了干劲。"因为市里和美术馆只有做出优秀的研究会报告，才能拿到接下来的补助金，所以他们会集中精力做好报告，而不再为这个项目努力。至此已经没有什么可以做的事情了，所以我就不干了。

而萨丁尼亚岛（Sardinia）的问题并不在行政方面。比如说，两个儿子继承了家里很小的五金工房，想要和父亲一起进行新产品的设计，为此希望得到父亲的帮助，像这样形成的个人依赖就是问题的开端。所以，我在多莫斯的一个同学，邀请了这些年来一直在肯尼亚做设计研究会的阿诺特·维瑟，两个人一起做了一个最个性化的研究会。他们把开发出的新产品通过展览会展示给当地人，还给幼儿园的孩子们做设计演讲，同时介绍新产品。当地也有越来越多的人一边管理着和设计有关的组织，一边做设计。这个项目现在还在继续，到下一个研究会就能投入生产了。

原：很了不起啊。这样一来，即使新的工艺品不能马上让城镇振兴起来，您关于设计的想法，也会在当地人的头脑里播下种子，生根发芽。

唤醒沉睡的文化

阿部：在萨丁尼亚岛，早在一百年前，就有像尤金尼奥·特立尼达（Eugenio Tavolara，一九〇一～一九六三，意大利艺术家）那样了不起的设计师，可以让当地工艺紧随时代潮流。关于设计，萨丁尼亚岛的人们比我还要了解。我只不过是在现有的种子上帮忙撒点水，可以说是帮忙摇醒了沉睡的文化吧。那个地方虽然贫穷，却有着很深的文化底蕴。即使是面包房的阿姨，说起设计，也一点都不含糊。那些人知道设计是什么。传统工艺品给人的感觉也很好，有很多高水平的东西。所以我可以顺利地完成工作。真正受到锻炼的人应该是我，在这么有文化底蕴的地方，和这么有修养的人一起做设计，是一件多好的事情啊！

原：我觉得您所做的确实是对设计的实践。特别是研究会，您让人们注意到了触觉设计这一思想。您汇集的《触觉词典》完善了这一构想，从而让更多的人可以将其继续发展。这种发现像多米诺骨牌一样改变着人们的感觉，我认为这才是真正的设计活动。

阿部：我本人并不想被人们注意，只不过是想和其他人一起制作出新的东西。但是如果可以由此产生意料之外的结果，得到大家的注意，我还是很高兴的。

原：比如说，萨丁尼亚岛的人们，我想他们很明白他们生产的动机从何而来吧。他们客观地理解制铁厂这一工作，从而看到了各种各样的可能性，持续保持觉醒。像这样让人们通过制造东西，自己去和世界建立联系。我觉得对这一规则的发掘也是您的设计，您创造了很宝贵的东西。

阿部：因为设计就是要跟人有关，才能逐渐丰富。能够建立这种和谐，我真的很高兴。

原：正因为这样，欧洲才需要您吧？现在欧洲有一种潜在的文化胶着状态，如果不能宽容地接纳外面的人，就不会有这么美好的事情发生了。

阿部：我从事这个工作，是因为喜欢和其他人一起做东西，而且喜欢和他们分享成功的喜悦。在这个过程中，有一瞬间，自己可以变得无比自由。如果这样可以改变文化的胶着状态，还能给其他人也带来自由，就再幸福不过了。

原：说得极端一点，如果设计能够很好地发挥作用，世界也就和平了。世界上的不和谐或许也会有所减少。

感觉的和平

原：我认为设计的理想应该是通过产品和交流，让越来越多的人清醒地了解到它的合理性。仅仅是一个杯子中所凝结的智慧，就能引发一系列的连锁反应。如果我们能注意到这一点，世界在感觉上也就和谐了。如果人们都能有这样的意识，一些疑难问题就会迎刃而解。塑料瓶的形状、插座的插口和邦迪创可贴颜色的含义，还有桌子的直径、面包的横截面形状、方糖的大小、浴巾的重量，以及使用刀叉时对他人的照顾等等，都是我们应该注意的。

据说已去世的英国平面设计师阿兰·弗莱切（Alam Fletcher，一九三一～二〇〇六，英国设计师，被称为“英国平面设计之父”）有一部未完成的书，书名就叫《感觉的和平》。很遗憾，书的内容已经不得而知了，但是我对书名还是有很大的感触。设计就应该是一种以感觉的和平为目标，使世界和谐的力量。经济的意义，不应只是金钱的数量而已。如果只在意金钱的多少，会对生活文化产生一些歪曲，但是设计对这种歪曲现象会有缓和作用。设计虽然是一种制造的智慧，但是单靠制造是远远不够的，而是牵一发而动全身。一旦多米诺骨牌倒了，就会波及四面八方。在这种情况下，不管是保持感情平衡，还是向其他人传达感情或者发出警告，只要精确了解这个结构，都会越来越擅长。我觉得在这一点上，设计确实是有很杰出的地方。

阿部：这是什么意思呢？

原：当今世界，大家普遍认为，人们完全可以根据自己的欲望自由地做布朗运动（随机分析的基本概念之一）。但是这种自由是个人责任范围内的自由，能真正保护你的只有你自己。人们应该是按照这个规则做布朗运动。到最后，金钱聚集到了某个地方，铁和石油资源不足，南极也出现了融冰现象。如果个人在自由活动的过程中没有高度的合理性，世界就不能保持平衡。虽然现在很多人对这种合理性都不了解，不过一旦了解了，表面上就一定可以保持很好的平衡。因为没有人告诉他们了解这种合理性后会变得很好，他们甚至不知道有这种东西的存在，就会觉得它根本不存在。怎样才能让人们对这一点有所了解呢？或者说，怎样才能共享这个资源呢？我认为设计的根本应该就在于此。

阿部：到现在为止，大家还没意识到这是设计的一部分。

原：或者这么说更合适：设计的产生本来就源于这种思想。我们没注意到的东西还有很多，如果能在保持设计合理性的前提下留意这些东西，就会更加接近感觉的和平这一目标。

世界在我们的手中改变

阿部：我确实是想竭尽所能去追求这种和平。我在大学建立新学科的时候，必须说明为什么要建立触觉设计这一学科。我当时是这样写的："为了给触觉一个名字，为了唤醒触觉文化，也为了把我们的手和新技术联系在一起。"最后写的是："为了让人们想起，世界是在我们的双手中改变的。"触觉是很人性化、情感化的感觉，是人类的本质，也是暴利和金钱之外的一种共通语言。比如湿漉漉的浴室挂帘，不管男女老少，都会觉得摸起来不舒服。而柔软的绒毛，就都会觉得摸着很舒服。现在这个时代，到哪儿都会觉得想摸的东西不能摸。不过在大学里，为了让大家摸到素材而制作展板开展览会的时候，规定

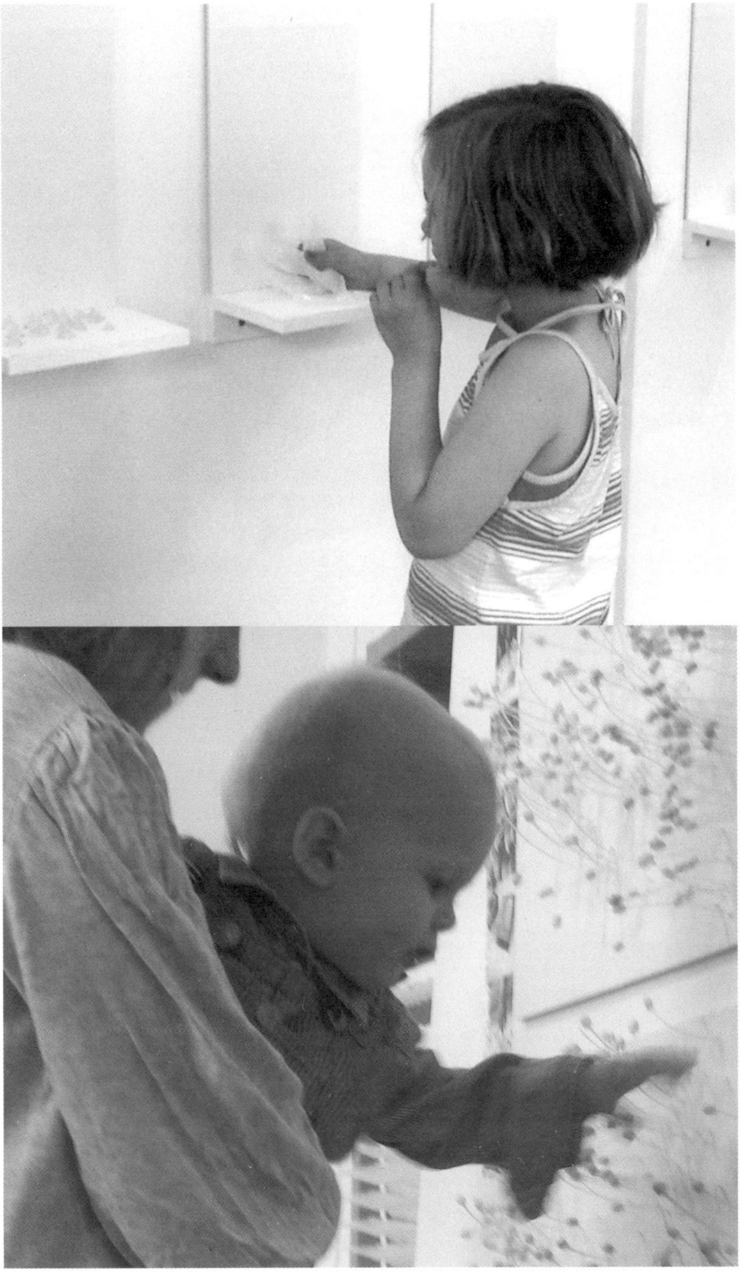

参观「素材之声」展的孩子们

大家洗过手之后可以触摸。这样一来，仅仅是这一个规定，大家摸的时候就会很小心。不应该完全禁止触摸，而是应该告诉大家触摸的方法。孩子们如果知道了触摸方法，摸细腻的东西时就会很小心，不会用错误的方法去摸。大人的话就有问题了，还是会有人因为触摸不当而被赶出场吧！（笑）

原：触摸是一种让人心情愉悦和平的文化。阿兰·弗莱切所说的“感觉的和平”这个说法，我已用过很多次。我认为设计确实应该以此为目标。和平是一个很难言明的概念。如果能够和理性结合来保持均衡，就算吵架也可以是和平的。

阿部：也就是说保持和谐状态吧。

原：所谓设计，就是应该把这种状态，从最靠近自己的地方传达到无止境的远方。可能会有人觉得和谐就是主观的。我觉得和谐，您也觉得和谐，这不就是主观的吗？其实这并不是主观。世界是相互关联的，如果有一个人跳起来，他旁边的人，他旁边的旁边的人，都会感觉到晃动。如果能在第一时间敏锐地察觉到这种变化，并从中创造出和谐，就是感觉的和平。这是一个任何人在任何地方都可以参与的过程。

阿部：和谐的中心点随着世界的进步在不断转移。如果我们能认清这一点并生产出必要的东西，应该可以达到感觉的和平这一目标。

原：能用“新鲜视角”发现这一观点，真的很了不起。所谓新鲜视角，就是能在第一时间发现别人没有发现的东西，或者是能预见到现在世界上还不存在，但是很有必要的东西。这和过去的新东西变成现在的旧东西这种“更新”是完全不同的。

阿部：是不一样啊。比如用令人惊叹的技艺以一毫米之差打破世界纪录，创造新的纪录。

原：就是靠着这种更新的欲望，我们的生活才得以继续。

阿部：社会中有很多不和谐的东西。十年前还是很不错的家具，十年后也有可能被生活淘汰。去年还很好的东西，也要随着今年的生活方式发生改变。我们要经常修正这种不和谐，做到随时更新，跟上时代。

原：进行更新时，随和的观点和丰富的想象都是十分必要的。

在设计这棵树上看到的景色

原：我觉得设计是要了解事物的本质，但好像哲学才是这样（笑），物理学和生物学也一样。事物的本质是要通过生命才能解释的，要靠着纯粹的思维逐渐接近本质，或者是根据物理法则去探寻本质。方法有很多，但在我看来，设计也是其中的一种。虽然爬上的不是同一棵树，但是看到的东西应该是一样的。只不过树不同，看到的景色也就不同。设计就是要通过很普通的日常生活，来看到这些景色。

阿部：不过现在这种普通的日常生活，会发生各种各样的异常情况。通过真实的普通生活可以看到的东西，现在可能会变得异常歪曲。

原：以加拿大的多伦多为根据地进行交流设计的设计师布鲁斯·毛（Bruce Mau,一九五九年出生，加拿大设计师，被称为“设计界的哲学家”）最近写了一本书，名为《庞大的变化》（*Massive Change*），所谓“庞大的变化”就是巨大的变化。他是那种很关心社会剧变的人，所绘制的标志性图表中就有这样的内容：正中央有一个最小的圆代表设计，另外一个大一点的圆代表商业。更大一点的圆里面包含这两个圆，代表文化。最大的那个圆则代表自然。应该是一个比一个大吧。社会的一般意识是设计比商业还要小。但是如果做一下改变，最小的是商业，其次是文化，然后是社会，最大的是设计。我认为这才是他真正的想法。

阿部：原来他是想表达这么远大的志向啊！

原：狭义的设计是包含在商业里面的。这种设计的作用是让计划取得出色的成功，或者是让信息更加具有新意等等。但布鲁斯·毛给我们的印象是，要让设计作为社会或者环境中的另一个领域来发挥作用。虽然可能没有人会在意这个貌似不合理的远大志向，但我们还是应该有大局观。这大概是一种并

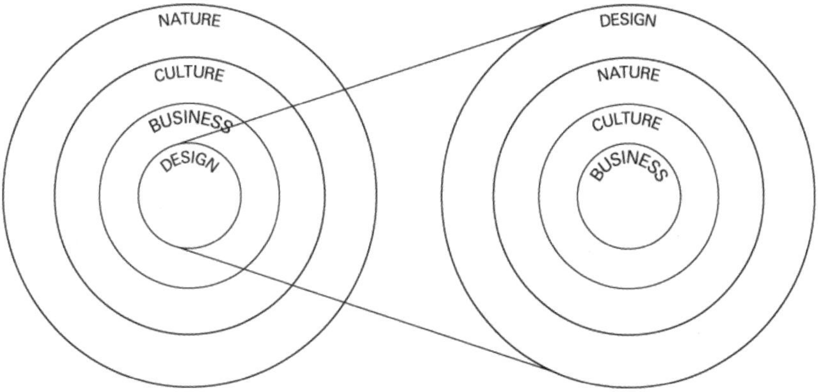
NATURE
CULTURE
BUSINESS
DESIGN
DESIGN
NATURE
CULTURE
BUSINESS

布鲁斯·毛所构想的图表

不普遍的设计思想。

阿部：感觉就像是把金钱也囊括其中的一个大气圈。

原：嗯，把它比喻成大气圈是一个不错的想象。

拓展感官地图

原：有人觉得基督教好，有人觉得伊斯兰教好，如果这两种人互相交流，局面可能会变得不可收拾。但是，人应该具备靠直觉去处理这种局面的基本能力。

人类的存在是很不可思议的。会很奇怪地出汗，头发一个月可以长几毫米，会在意枕垫的软硬，感觉很敏锐，还可以很有创造性地解释这个世界。人的感觉是很有创造性的。设计东西的时候以形状和颜色为主，但是用来感知物质的感觉常常比物质本身更有创造性。虽然统称为触摸，但是既包括触摸的感觉，也包括被触摸的感觉。主动触觉和被动触觉虽然都是触觉，但不一样。这种不同并不是从物理上来说的，而是感觉方式的问题。我们总是以这种方式在感知世界。

人类有着敏锐而且复杂的感官系统，如果能够充分调动这些感官，大脑就会很幸福。大脑的幸福是什么呢？人类的感官和环境产生怎样的联系大脑才会幸福，这是凭人的直觉判断的。比如您可以用很多词来形容触感，像“丝绒般的感觉”和“柔软”，这就很明显地显示了感觉的价值，让人们在不知不觉之间更加接近大脑的幸福和感觉的和平。

阿部：如果可以用同样的词，就会有同样的感觉了吗？

原：是啊。我们现在的工作就是在拓展感官上的“世界地图”。就好像没被发现之前的美洲大陆一样，感觉世界现在还在沉睡之中。发现这件事，也是设计师的工作。正是这种觉醒，一边唤醒头脑中那些无数的小标志，一边拓展着人类感觉上的幸福领域。

和数学、物理一样，如果头脑中装着设计，这种意识就会在日常生活中逐渐觉醒。设计师的任务正在于此。我所做的关于“再设计”、“触摸式”和“感性体”的展览会，或是写这方面的书籍，都是这项工作的一个环节。

阿部：您从大学时代就喜欢思考，虽然没有办法完成但还是想要写书。您在平面设计领域得了很多奖，完全可以一心一意地做下去。但是您却超越了平面设计转向其他领域，我很能理解您这样做的理由。过了几十年，还是想做回自己最想做的工作吧？

希望设计教育从小学开始

原：我认为设计是基础教育的一部分，是美术的一种。所以原本就不应该只限于在美术大学教授。

阿部：把设计看成基础教育的一部分，是个好想法。在意大利，建筑和美术都是从小就要进行的基础教育。如果想成为这方面的专家，从大学才开始学习，确实是有点晚了。

原：我也是这么觉得。还是在小学的课程中，就把设计定位成一个独立学科比较好。现在人们基本上还是对设计没有什么感觉，但是您所举办的研究会等项目，多少都能让人们对设计产生一点感觉。

阿部：我所办的研究会可以起到这种作用，是因为走了课外授课这一捷径。如果成为一个正式学科，可能就会让人窒息了吧……（笑）不过，就好像音乐是一门用来享受声音的技术一样，如果把设计看成一门用来享受生活的技术，为了更好地享受生活，“生活哲学”就很有学习的必要了。生活具有多样性，孩子们如果从小就有机会接触这种哲学，会是一件很好的事情。这种哲学，就是您所说的设计吧。在日本，根据平成元年（一九八九年）关于小学学习指导纲要的公告，新设了“生活课”这一科目，目的是让学生们懂得如何生活。但是怎么才能教学生们设计呢？您有什么想法？

原：比起教他们设计，更重要的是创造合适的机会，让他们自发地注意到这件事。比如，通心面中间为什么有个孔呢？乌冬面为什么是细长的呢？还有，荞麦面为什么比乌冬面还要细长呢……像这样的问题，都是有答案的。比如，色拉上面的蛋黄酱的形状，也都是“喷气孔”这一形状，而不能弄成圆形或者星形。如果弄成细长条，蛋黄酱就会变得扁平。如果留出很多小孔，蛋黄酱就会变成丝状，不停地流出来。这些只要自己亲自尝试过，就可以理解。

设计就好像蛋黄酱上的孔一样。在蛋黄酱很长很长的生产链条上，最后把它挤在色拉上的一瞬间，才发现只有喷气孔的形状才能解决所有问题。车、房子、铅笔和井盖中，都藏有同样的道理。光是想想自己睡的是榻榻米还是床，两者之间有什么不同，就可以发现很多问题。通过这些事情，对于世界的看法和一些小的设计哲学，就会开始在孩子们的意识中萌芽。

阿部：孩子们比我们大人注意到的事情还要多。如果我们大人能够花一些时间，通过孩子们的眼睛重新审视生活，和孩子们一起解答问题，可能就会发生一些改变。

原：我希望像您这样的人，可以创建小学的生活课程。现在日本还没有灵活运用设计这一知性资源，如果能早点意识到的话，世界可能就会发生改变了。这也包括“砍树”之类的事情。通过何种方式告诉人们不能过度砍伐呢？告诉他们这是为了保护环境确实是一个方法，但是如果他们在感觉上不接受的话还是不行。如果把这变成法律或者规定，说明情况已经惨不忍睹了。这关系到这个社会的人是在为了追求什么而生活。对于那些能使心情愉悦的东西，感觉上的把握是很重要的。

阿部：在教孩子们之前，必须告诉他们，我们大人曾经轻视了这种基础。

原：人的一生是很短暂的。岩石会留下，城市和建筑物也会留下，但是其中的很多智慧，还没有传达给人们就已经被遗忘了。如果能读懂凝结于各种东西中的智慧，世界会变得更好。我们应该有这种共同的认识。在今后的时代，这种认识是十分必要的。

阿部：个人带着这样的意识，在不同的领域中努力，是很重要的。即使是很小的努力，最终也可以修正世界中的歪曲。设计不是广告中介绍的东西，也不是买回来的东西，而是希望人们珍惜每一天的生活，懂得怎样在这片土壤中开出一朵又一朵的鲜花。所以，用敏锐而新鲜的视角去观察每一天的生活，让人们自己觉醒，从好好培养自己的生活文化开始。

圣埃克苏佩里（Antoine de Saint Exupery，一九〇〇～一九四四，法国作家、飞行员）曾经说过："只有精神之风吹过黏土，才能创造人类。"只有生活哲学这股精神之风吹拂了人、素材和技术，我们才能创造出超越了"黏土的灵魂"或是"技术的灵魂"的东西。由于这个原因，"东西"不再只是方便有利，而是变成了似乎可以听到呼吸的生活要素。我觉得今后的时代，设计所要追求的，就是这样高品质的创造。

二〇〇六年十一月二十六日 于柏林艺术大学的露天咖啡座

后记

设计所能做到的

阿部雅世

日本恐龙般珍贵的人才原研哉先生，和我这个来历不明的稀有动物在“设计”这一站相遇，从而有了这本书的问世。

恐龙也好，稀有动物也罢，因为站台上有着十分广阔的空间，所以我们可以自由地走动。但是却难为了平凡社的下中美都小姐，要很有耐心地调教这两个奇怪的生物。多亏了下中小姐的精心整理，才有了这本书的问世。

如果不是这次机会，我不会和原先生有如此长的对话。建筑好比左眼，图画工作好比右眼，两只眼睛的焦点所在之处，就是设计。对于持有这种看法的我来说，能够从平面设计的角度探寻原先生的设计世界，既新鲜又有乐趣，同时也有难度，就好像是迷失在了不知道美在何处的沙漠之中。

每次展开一个话题，头脑中都会产生很多疑惑。在这些疑惑逐一被解析的过程中，又会发现还有很多东西需要花时间去琢磨，而我到现在还是没能完全体会。这实在是一次很有收获的对话。能这样深入探讨很多问题是十分幸运的，对我来说是无比珍贵的经历。

同时，这也是一次意想不到的经历，好像把之前觉得很有距离感，只能隐约看到的一些问题一下子拉到了眼前，需要我们努力去解决。通过和原先生的对话，我把多年以来的疑问像拼拼图一样拼在了一起。但是那些问题太大，大到让我觉得自己很渺小。对话结束之后，仍然有几个问题还在头脑里，让我久久不能忘怀。

日本虽然是世界上少有的科技强国，但是就像原先生在对话中不经意间提到的那样，“科技没有带来任何幸福”。这也许是因为二战后的日本有半个多世纪无暇顾及修养和哲学，只是致力于培养能力优秀的科技工作者。的确，幸福并不是科技带来的，而是由修养和哲学产生的。我在对话中提到的“幸福就是快乐地运用科技”这一观点，太过细微，且没有说服力。“没有修养的国家，只会灭亡。”瓦洛锡的老手工艺者所说的这句话，一直在全日本回响。

欧洲的现代主义是以思想和社会的现代化为框架而建立起来的。日本的现代主义才刚刚开始，在还没有进展的时候无视思想和社会的现代化，之后又仅仅依赖脱离尘世的审美观，只不过是给科技扣上了一顶现代的帽子。这种审美观的残留，就好像给人们注射了麻醉剂，让他们幻想着富裕、奢华而且幸福的生活。面对日本这种空前的设计热潮，“这是真正的设计吗？”在我看来，这个问题始终悬而未决。

以再开发这一名义进行的改善永远都在继续，但是在日本的城市环境中，生活已经越发萧条和混乱。人们开始意识到，如果纽扣根本就扣错了位置，不管再怎么修复也无济于事。这样的时代所需要的，是那些能够耐心去解决生活中被轻视的问题，可以熟练使用朴素的工具，有能力超越过去、创造未来的年轻人。为了让生活再次充满日本独有的财富，我真的希望这样的年轻人可以承担起今后的设计重任。

城市的美丽，就是日常生活中那些生命的美丽。尽管没有尖端科技和高楼大厦，那不勒斯依然美丽，这是因为生活在那里的人有着美丽的生命。城市是由每个人的日常生活这些细小的细胞构成的。如果每个细胞都能重生，日本的城市应该也可以找回健康。而且，这也可以给全世界正在遭遇同样问题的国家和人们带来勇气。

梦去酒醒，我们应该和那些有着同样危机感的人携手并肩，逆流而上，去找寻那些曾经被自己置之不理的思想观念。在那些思想被完全埋没之前，用双手把它们挖掘出来，让自己敏感起来，去体会封存于其中的哲学。我们要重新构建有框架的日常生活，并让它代代相传下去。

这是今后日本设计界最重要、也是最有价值的课题。

当这个课题完成之时，我们的生活才会有些许的改善。

图书在版编目 (CIP) 数据

为什么设计 / [日] 原研哉 阿部雅世著；朱锷译 .— 济南：山东人民出版社，2010.5（2021.3 重印）

ISBN 978-7-209-05084-5

Ⅰ. 为 ... Ⅱ. ①原 ... ②阿 ... ③朱 ... Ⅲ. 设计学—研究

Ⅳ. TB21

中国版本图书馆 CIP 数据核字 (2009) 第 202288 号

责任编辑　王海涛
装帧设计　朱　锷
设计制作　汪　阁

为什么设计
原研哉　阿部雅世　著　朱 锷　译

山东出版集团
山东人民出版社出版发行
社　　址　济南市英雄山路 165 号　邮政编码：250002
网　　址　http://www.sd-book.com.cn
发 行 部　(0531)82098027　82098028
新华书店经销
天津图文方嘉印刷有限公司印装

规　　格　16 开（155mm × 228mm）
印　　张　16
字　　数　160 千字
版　　次　2010 年 5 月第 1 版
　　　　　2021 年 3 月第 9 次
书　　号　ISBN　978-7-209-05084-5
定　　价　48.00 元

如有质量问题，请与印刷厂调换。010-84488980